U0815821

知识生产的原创基地
BASE FOR ORIGINAL CREATIVE CONTENT

颉腾文化
JIE TENG CULTURE

The Everyday Hero Manifesto

Activate Your Positivity
Maximize Your Productivity Serve The World

每日英雄宣言

[加] 罗宾・夏玛（Robin Sharma）——著
徐萍　李佳道——译

华龄出版社
HUALING PRESS

Title: THE EVERYDAY HERO MANIFESTO: ACTIVATE YOUR POSITIVITY, MAXIMIZE YOUR PRODUCTIVITY, SERVE THE WORLD by ROBIN SHARMA

Text and illustrations © 2021 by Robin Sharma. All rights reserved.

All photographs are courtesy of Robin Sharma, except for the following:

The photograph of Cora Greenaway on page 5 © 2021 by N.G. Versteeg. Reprinted with permission. All rights reserved.

The photograph of Jean Dominique-Bauby on page 174 © Estate of Jeanloup Sieff. Reprinted with permission. All rights reserved.

The painting of Gordon Downie on page 219, Grace too © 2021 by Jim Middleton Art.

Reproduced with permission. All rights reserved.

No part of this book may be used or reproduced in any manner whatsoever without the prior written permission of the publisher, except in the case of brief quotations embodied in reviews.

Published by arrangement with HarperCollins Publishers Ltd. through BIG APPLE AGENCY, LABUAN, MALAYSIA.

Simplified Chinese edition copyright © 2024 Beijing Jie Teng Culture Media Co., Ltd.

北京市版权局著作权合同登记号　图字：01-2024-1426 号

图书在版编目（CIP）数据

每日英雄宣言 /（加）罗宾 · 夏玛著；徐萍，李佳道译 . -- 北京 ：华龄出版社，2024.6

ISBN 978-7-5169-2735-9

Ⅰ . ①每… Ⅱ . ①罗… ②徐… ③李… Ⅲ . ①成功心理 - 通俗读物 Ⅳ . ① B848.4-49

中国国家版本馆 CIP 数据核字（2024）第 067190 号

策　　划	颉腾文化		
责任编辑	王　慧	**责任印制**	李未圻
书　　名	每日英雄宣言	**作　　者**	［加］罗宾 · 夏玛（Robin Sharma）
出　　版 **发　　行**	华龄出版社 HUALING PRESS	**译　　者**	徐　萍　李佳道
社　　址	北京市东城区安定门外大街甲 57 号	**邮　　编**	100011
发　　行	（010）58122255	**传　　真**	（010）84049572
承　　印	文畅阁印刷有限公司		
版　　次	2024 年 6 月第 1 版	**印　　次**	2024 年 6 月第 1 次印刷
规　　格	650mm × 910mm	**开　　本**	1/16
印　　张	20	**字　　数**	286 千字
书　　号	ISBN 978-7-5169-2735-9		
定　　价	99.00 元		

版权所有　侵权必究

本书如有破损、缺页、装订错误，请与本社联系调换

作者致读者的一封信

在当今世界，人类每一颗跳动的心中都存在着某种非凡的天赋、正直的尊严和英雄主义情怀。本书正是一本关于这种天赋、尊严和情怀的书。

为大家献上这部作品，既让我感到兴奋、受鼓舞，同时又让我感到恐惧和疲惫。

创作这本书，让我能够在自己的技能、角色和职责范围内，超越过去的认知，去更好地服务他人。相比于刚开始创作这部作品时候的自己，完成这部作品的过程已经塑造了一个全新的我。

在接下来的内容中，你会找到一种标准的哲学，它能够激发你最好的才能，为你带来一种创作杰作的革命性方法，提供一连串的见解来让你过上令人惊叹的美好生活，给你带来持久的快乐和精神自由。

我在本书中对于自我的分享，比我以前的任何一本书都要多。袒露脆弱的自我是一个可怕却又能让人满足的过程。客观地看待我们的缺点，有助于我们将其转化为智慧，对吧？拥抱我们的伤痛，让我们将它塑造成力量。

当你读到我所经历的一切时，我真诚地希望你能学会如何避免危险，学会如何将困难转化为胜利，并且了解到这一点：即使生活看起来不顺心，它也总是以一种对你有利的方式展开的。

这本书是为你精心打造的，我对待它的态度就仿佛这是我的最后一本书。我希望并祈祷我能创作出更多的书。然而，人的生命极为脆弱，没有人知道明天会发生什么。因此，我在本书中竭尽所能，为你提供了我所能提供的最好的东西，以帮助你呈现出最佳的生产力、杰出的表现、持续的幸福感和对社会的非凡服务。

在这里，我奉上真诚而衷心的祝愿：你即将获得的知识能够照亮你内心沉睡的天赋，点燃你创作不朽杰作的火焰，帮助你发掘你的自身魔力，并让你过上一种你最想要的生活，同时也让我们的世界变得更美好。

带着爱和尊重。

罗宾·夏玛

成千上万的天才存活于世，其天赋至死都未被发现，关于他们的才能，他人不知，自己亦不知。

——马克·吐温

只有那些全身心投入一项事业的人才能成为真正的大师。出于这个原因，做到精通，需要一个人付出全部。

——阿尔伯特·爱因斯坦

人们总是说，我没有让出座位是因为我累了，但那不是真的。不，我唯一感到累的一点是，我已经厌倦了屈服。

——罗莎·帕克斯

破坏和摧毁很容易。那些缔造和平、从事建设的人才算英雄。

——纳尔逊·曼德拉

CONTENTS | 目录

1

你的平凡英雄宣言

马丁·路德·金曾说过:“如果你还没有发现你愿为之而死的东西,你就不配活着。”

我愿为“你很伟大”这一想法奋战到最后一息。

我愿为“你注定要创造出不可思议的杰作,经历宏大的事件并且知晓先贤有关超越的神秘世界”这种观念而赴死。

作为地球上的公民,你们被召唤去用你们的双手创造奇迹,取得突破,并提高与你们同处这一星球的其他兄弟姐妹的生活水平。

我相信这一切都是真的。无论自然之手如今将你安置在何处,你的未来并不由过去决定。明天总是可以变得比今天更好。你属于人类,而这正是人类所能做到的。

是的,我们以不同肤色、身材、性别、宗教、国籍和生存方式示人。纳尔逊·曼德拉、哈丽特·塔布曼、圣雄甘地、弗洛伦斯·南丁格尔和奥斯卡·辛德勒都是最崇高的英雄。然而,那些过着更为平静生活的人——在学校教书或在餐馆工作的人,写诗或在创业的人,在面包店从业或居家照顾孩子的人,以及那些在社区内提供帮助的人,如急救人员、消防员,他们或许也值得被称为英雄。这些善良的灵魂中,有许多人带着要把工作做好的崇高信念进行着艰苦的工作。他们面带微笑,心怀优雅。

当我在生活中与这样的人打交道时,我常自惭形秽。真的,我从他们身上学习,被他们鼓舞,在遇到他们时,我被潜移默化地改变了。

他们是日常生活中的英雄,他们是所谓的“普通人”,他们以高尚、善良的方式行事。

我知道你们渴望表达所有的可能性,对此我表示真诚的尊重。因此,当我们共同开启旅程之前,我有一些话想鼓励你们:

从今日起，致力于回归为一个高尚的灵魂、勇敢的战士和不可战胜的缔造者。正如你的天性所号召你成为的那样。

你过去的磨难已将你历练成一个更加坚强的人，让你变得更能觉察到那种使你变得非凡的力量，更加对美好生活的祝福充满感激——健康的身体、幸福的家庭、满意的工作和一颗充满希望的心。这些表面上的困难实际上都将是你今后走向胜利的垫脚石。

曾经束缚你的界限和刺痛你的“失败”都是你实现超越的必需品。一切都是为了你的利益而展开，你真的被青睐了。

哦，是的，无论你接受与否，你都是一头狮子而非羔羊，一位领袖而非牺牲品，一个值得拥有非凡的成就、令人振奋的冒险、完美的满足感和一个以自尊填满牢不可破的自爱之池的人。

你是一股自然的强大力量、一位充满活力的生产者，而非一个蜷缩在堕落的平庸世界、非人化的抱怨世界、顺从和权力的世界中赤足受困的麻木受害者。

在坚定不移的承诺和持之以恒的努力之下，你会逐渐变为一个理想家、一个非凡的艺术家和一个强大的特例者，以及一个真正的用你最真诚和最优秀的方式改变世界的人。

所以不要愤世嫉俗、不要吹毛求疵，也不要总唱反调。因为怀疑者都是堕落的寻梦人，况且平庸是绝对配不上你的。

今天以及今后，在你拥有独特光辉、灿烂光芒并照耀他人生活的每一天，你都要坚定地站在无限的自由之中，在对梦想、热情和奉献的敬意之下，塑造你的未来，实现你的抱负，扩大你的贡献。

收敛你的欢愉，打磨你的锐气，激励所有有幸见证你的人，让他们看到一个伟大的人是如何行事的。

我们会见证你的成长，为你的天赋喝彩，欣赏你的英勇并钦佩你最终的不朽（名望）。

你将长存人们心中。

2

忠于理想可使力量倍增

没有人看好你的时候，就是你最应当看好自己的时候。

每一位致力于将自身天赋发挥到极致的人都很清楚，在生活中，特别是面对嘲笑和风险、打击与厄运时，相信自我、忠于自我及坚守自身的伟大使命，才是通往传奇的大门，也是成就不朽的正道，因为你崇高的榜样必将在身后流传。

英雄主义的人生之旅必将是绚丽多彩、鼓舞人心、纷繁多姿、不可思议、热烈欢腾的，而且绝对会是光荣壮丽的。在这里，我向你保证。活出你的伟大，创造累累硕果，尽自己的一份力量来建设一个更加光明的世界，这一定会成为你一生之中最明智也最美好的一段旅程。而且回归你最具创造力、最强大、最富有同情心的自我，身处其中的无限荣耀之中，也将激励你周围的所有人，唤醒他们的天赋，使我们的世界变得更加美好。

如果可以的话，我想花点时间分享一下我曾经的故事，这样也可以使大家更好地了解我。毕竟我们接下来还要在书中花相当长的时间交流。

我是个普通人，没有什么特别之处，不是什么专家大师，也不是由什么一般人不能接触的特殊材料制成的。

我有我的天赋，就像你有你的天赋一样。我也有人性的弱点（我们每个人不都如此吗？），我会感到没有安全感、没有价值及恐惧害怕，但同时也能感到勇敢、有用和希望。

我在一个居住着 5000 人左右、靠近海边的蓝领小镇长大。我和我的家人住在一栋小房子里，我父母都是心地善良的移民。总之，我肯定不是那种含着金汤匙出生的孩子。

四岁时充满热情

在我家门前的雪地里玩

是的，这是我在一次学校演出中的照片。这是在一个寒冷的冬天，我在我家前院的照片。看，车道上没有法拉利，没有奢华的装饰品，也没有多余之物，所有的东西都是朴素的，以最好的方式呈现着。

在学校里，我其实不太合群。我总是喜欢在自己的脑海里，做着醉人的白日梦，跟着自己的节奏走，活在自己的世界里，你懂我的意思吧？

一位校长曾经对我亲爱的母亲说，我这孩子没什么前途，也够呛能从高中毕业。其他老师也私下提醒我的父母，我几乎没什么潜力。有些人甚至预测我最终会成为一个无业游民或者流浪汉。大多数人都只是取笑我。

只有一个人例外。

科拉·格林纳威，我五年级的历史老师。

她看好我，这也让我对自己有了信心。

格林纳威夫人告诉我，每个人都有天赋。她解释说，我们每个人都可以惊人地擅长某种事，我们生来就有着某些特别的长处、瞩目的才能和高尚的美德。她告诉我，如果我能牢记这一点，努力工作、忠于自我，好事就会发生，好运也会随之而来。

这位善良的老师看到了我最好的一面，鼓励我，并展示出了一种尊重，一种在面对贬低我们的能力、打压我们的优势的社会环境时，我们最需要的那种尊重。有时候，你只需要与一位非凡的人进行一次对话，就可以把你的余生引向一个全新的方向，对吧?

儿年前，我试着在网上搜索科拉·格林纳威老师的一些信息，所发现的内容着实打动了我。

年轻时，她曾是荷兰抵抗运动（Dutch resistance）中的一员，在第二次世界大战中深入敌后，营救在集中营中面临种族灭绝的儿童。她不惧死亡的威胁，怀揣光荣的信念，去拯救孩子们，就像她拯救了我一样。

格林纳威夫人后来去世了，就在我发现她光辉经历的同一年。阿姆斯特丹的一位先生慷慨地照料了她，直到她生命的最后一刻，并且告诉了我有关我的这位人生导师最后的消息，我十分感激这位先生。格林纳威夫人对我来说意义重大。

格林纳威夫人就是我所说的“平凡英雄”。她安静而谦逊,强大而坚韧，道德高尚而有影响力，智慧而有爱心。她一件一件地做好事，推动我们文明的进步与发展。

她激励我超越了那些有限的期望，超越那些戴着有色眼镜的人随口为我的人生设置的条条框框。我读完了高中，也念完了大学，主修生物、辅修英语，毕业后进入法学院，以全额奖学金助力拿到一个法学硕士学位。

不要相信那些诋毁你的人，不要理会那些贬低你的人，不要在意那些打压你的人。他们不知道你未曾展露的奇才。

后来，我成了一名成功的诉讼律师。钱包鼓鼓却内心空空，被推动着工作却没有创造力，十分自律却又与真实的自我脱节。我每天早上醒来，看着浴室镜子里的自己，心底却是无比厌恶。我对生活没有什么希望感，对自己心底与生俱来的英雄情怀也不太亲近。但我后来知道，这种英雄情怀是人类的核心优势之一。

没有归属感的成功只是徒有其表的胜利，不是吗?

101 岁的科拉 · 格林纳威夫人

所以，我决定重塑自我，来一场自我成长的大会战，通过情绪上的疗愈、精神上的进步，来结交一个更为真实、快乐、平和以及更好的自己。

你也绝对有这种能力来进行一场彻底的转变。进化、提升，甚至是改头换面、焕然一新，这都是你回归自我过程中“组装零件”的一部分。而且你越多地锻炼这种内在力量，它越会变得更强大。

重塑一个更富创造力、更高效、更具创新精神及更不可战胜的自我，一个充满快乐、勇气和宁静的自我，这并非什么普通人遥不可及的上苍恩赐。

不，天才更多是源自习惯，而非基因。成为你梦想中的角色是一种锻炼的结果，任何愿意敞开心扉、努力工作、投身实践的人，都可以让梦想变为现实。

在我人生的这一时期，我开始着手改造、重塑自己，使自己成为一个从心灵内部的引领中汲取力量的人，而不依靠地位、物质、声望等外在事物。我努力使自己成为一个敢于直言不讳的人（即使面对众人的反感），一个坚持理想的人，一个以使命感来对待工作的人，一个不依靠物质来取悦自己的人，一个用自己生命中的每一天来为他人创造快乐和幸福的人。

我们轻易地就将一生都投身于勇攀高峰之上，直到最后才发现爬错了山。

我们忙来忙去。

我们沉迷于琐事，又被娱乐诱惑，致使我们产生了一种虚假的进步感，实际上却浪费了人生最宝贵的年华。

我们的文化只将这些充斥我们生活的、催眠般的诱惑事物作为衡量成功的标准，但实际上，这些事物能够带给我们的精神满足感还没有去街头超市购物一番获得的多。

在我而立之年时，我决心改造自己，让自己活得更加有意义。我回忆起了查尔斯·布科夫斯基的一句箴言：

人皆有死，命运难逃，如同闹剧！这本该促使我们和谐友爱，却事与愿违。我们被琐事吓垮，我们被虚无吞没。

曾经有三年时光，每当我的家人还在睡梦之中时，我就早早地起床，尝试各种方法来弥补自己的不足，提升自我。

我查阅了许多伟大人物——艺术天才、英勇的军人、杰出的科学家、商业巨头和孜孜不倦的人道主义者的事迹，学习到了那些造就他们璀璨人生的核心信念、主导情绪、生活习惯。我将在接下来的内容中分享我的发现。

我参加了关于个人成长的讨论会，并投资了自我发展的相关课程。

我学会了冥想与构思，写日志和沉思，斋戒与祈祷。

我聘请了最好的教练，与针灸师、催眠师、感情治疗师、精神咨询师共同学习，我洗冷水澡，蒸桑拿，每周进行按摩治疗。

如今再回首，随着年龄的增长，我明白了许多。

我必须说，在这段旅程中我曾有过困惑、不安与恐惧，也有过振奋、着迷和收获，并且更多的是美好。正因其变化如此之大，根本性的个人转变往往痛苦万分。我们不可能变成自己梦寐以求的样子而不抛弃曾经的自己。在涅槃成为强者之前，曾经那个弱小的自我必须经历某种意义上的死亡。没有痛苦的进步就不算是真正的进步，不是吗?

每天清晨，当我周围的世界仍在沉睡之时，我稳步地推进着自己的内心工作，我看待自己的方式、我的行为方式及我的生活运转模式都被彻底重构了。当我和我的“教练梦之队”在一起时，我的许多恐惧都消失了，我每天的烦恼和一些破坏行为都不见了。我有违本心地想要取悦别人、被人喜欢、随波逐流的欲望，也都消散了。

我变得更加忠于自己深层的价值观，变得更加健康、开朗、平和也更富有创造力。我减少了在脑中权衡计算，而是更多地与心相连。这使我灵感飙升，效率倍增，信心跃升。我开始知晓这是一种魔力，并且任何人只要认真地想要了解、接近它，都可以获得并使用它。

在那漫长疗养的三年，也是不断成长的三年即将结束之时，我知道我已经准备好在自我超越和领导力领域开展新阶段的冒险了。至今我仍参与其中。直觉告诉我，我应该写一本关于我的经历和我所学到的知识的书，这样其他人也可从中获益。

我给这本书起名为《卖掉法拉利的高僧》。

许多人嘲笑这本书的书名，并且认为没有人会去读一本律师写的“自我帮助”类的书。也有人私下悄悄跟我说：“作家的生活很艰苦，不如趁早放弃。”但我拒绝任何人为我设限，并以澎湃的热情写下了这部作品，这部关于如何脱离前半生的生活方式，走向一个充满奇迹、勇气和纯粹的未来的作品。这本书的创作过程令我陶醉。

那时我对出版了解甚少，也并非出身于富有的大家庭（我的母亲是老师，父亲是家庭医生）。但我确实知道，自学是一条把脑海中的想象变为现实的捷径。不知道的事情我可以去学习，不会的技能我可以去培养。其他人能够做到的事情，我也一定能够做到，只需要专注、努力、优质的内容和优秀的老师。所以我报名参加了习技公司（The Learning Annex）组织的一个课程。

在那里，我学到了许多有关手稿和编辑、出版商和印刷商、分销商和书商的知识。这门课太棒了，完全激发了我去实现梦想的热情。下课后，在寒冷的冬夜中，我踏着雪花步行回家。面对凛冽的寒风，我的心中依然充满热情和希望，并坚定地要将我的书推向全世界。

我决定自己出版这本书，我那了不起的母亲亲自为我编辑手稿，每一行都仔细阅读，工作直到深夜。我的几位好朋友是书的第一批读者，当时我是在一家 24 小时营业的打印店里把稿子打出来的。我还记得是我的老父亲在凌晨 4 点开车把我送到打印店，只为了让我可以早点打印完，然后在 8 点前回到诉讼律师的岗位上工作。感谢他在我最需要的时候给予我无条件的帮助和支持。

由于那时没有经验，我没有意识到用信纸规格大小的原稿制成书会使文本缩小，搞得第一版书阅读起来十分困难。但是没关系，我竭尽全力在社区的服务俱乐部里分享《卖掉法拉利的高僧》的相关信息。我的第一个图书研讨会（恰巧也是由习技公司组织举办的）有23个参与者，但其中的21个人是我的家庭成员，这是真的，我不骗你。

老子说“千里之行，始于足下”，我很认同这句话。我就是从零开始做作家的，如果你总是想等到条件完美了再着手实践梦想，那你永远都不会开始。

我争取到了一个同一位知名作家见面的机会，因为那时的我觉得自己需要进一步的指导，并且希望学习如何接触更多的读者，以便为更多人带去积极的影响。当你开始着手驾驭一种英雄般的生活时，找到一位睿智的导师真的是无价的。我穿着正装，带了一份自己打印的作品，坐在他那张巨大的橡木桌子前的旧皮椅上，等待着他的“审判”。“罗宾，”他说，“写书不是一件容易的事，很少有人能够成功。”他补充道：“你有一份不错的律师工作。你应该坚持继续做律师，不要在如此不确定的事情上冒险。”

他的话令我气馁、失望又无比沮丧。我想，也许我想把《卖掉法拉利的高僧》交到读者手中，使大家可以从中受益的想法是愚蠢的。也许我误判了自己的能力，也许我永远也不会出书。我默默无闻，很难闯入这片领域。或许这位大腕作家说得有道理：我应该稳扎稳打，继续从事我的律师事业。

但显而易见的是，他的建议只是他的建议而已，为什么要给别人的意见赋予更多的价值和意义呢？他如何评价都不关我的事。总有人会写出下一本畅销书，那这个人为什么不会是我呢？每一个专业人士不都是从业余开始的吗？在我看来，我不应该让他的建议扼杀我的热情，否定我的抱负。作为一名诉讼律师，我每天都坐在办公室里对自己暗想：“我每在这里待上一个小时，就离自己真正想做的事情又远了一个小时，我明明知道自己想要去做什么。”

我想我的信念大于恐惧，我的勇气也胜过疑虑。

我愿你永远相信你的直觉，而不是冰冷且现实的理性推演。你的可能性、掌控力和天赋并不存在于理性之中。人们如今评价我说：“在面对不同意见和挑战时，他能够勇敢地坚持己见。”但这根本就不是什么勇敢。

我一直想对读者做到真诚，并且我也绝对会做到真诚，对此，真诚地来讲：我觉得我别无选择，只能追随我的热情。

“活得深邃的人不会畏惧死亡。”阿奈·宁（Anaïs Nin）如是说。诺曼·卡曾斯（Norman Cousins）也曾说过：“人生最大的悲剧不在于死亡，而是当我们活着时，在内心任由自己死去。”我分享这些名言是为了提醒你生命的短暂和脆弱。我们中有太多的人，不到设想中的理想时刻到来，就不去做那些可以让我们灵魂欢腾的事情。可是理想时刻永远都不会到来。没有什么是比现在更合适的时间了！你知道你能够做到的，去成为那种你梦想成为的人吧，去亲手打造你渴望的生活吧！明天世界就可以被颠覆，历史将证明这一切都会成真！不要再在拖延与等候中虚度自己的青春年华了，拜托了！

比起错过机会，在人生的最后一天空手离去、心碎而终，冒一个看起来有点傻的风险，难道不是更明智的吗？最起码你知道自己尝试过了。

所以我又把《卖掉法拉利的高僧》拿给一位德高望重的编辑过目，想把它润色得更好一些。我很期待能够得到专家的反馈，并且那时的我坚信，他一定会告诉我，我做出了真正与众不同的东西。

然而，我收到的回复却是一长串的批评。信的开头是这样写的：“罗宾，那本《卖掉法拉利的高僧》有很大的问题，那些矫饰的文字是没用的。”

他对我的角色是什么看法呢？

“你的角色并没有突破老一套的模板。例如，朱利安很成功、富有、聪慧、魅力四射、坚强、风趣幽默等，但你越堆叠他的优点，这个角色就变得越老套……”

他在信的结尾写道：“我知道，我对你作品的反馈一定让你失望了，但我希望我的建议能够对你有所帮助。看似简单，但真正好的作品需要非常努力才能够写出，不是吗？”在读编辑的回复时，我的车就停在他家带着修剪整齐篱笆的红砖房前。我坐在车里，一动不动，心怦怦跳，手心止不住地出汗。我的手稿就放在旁边的车座上，用橡皮筋套着。我仍清楚地记得当时的情境和感受。

尴尬、拒绝、沮丧。在那个晴朗的日子里，可以说他伤透了我的心。

然而，我觉得直觉比理智更加高明。所有真正的进步都来自梦想家，那些被所谓的“专家”批判观点愚蠢、创作毫无价值的梦想家。请保持你对你自己及自己真诚杰作的敬意，并使这种敬意盖过那些所谓大师充满恐惧和否定的悖言乱辞，那些理论上的大师可什么都没有创造出过。

我的内心有一种声音，或者说是一股力量或智慧，它们来自一个比逻辑更高的地方，告诉我：“不要听信他，就跟那位没有鼓励你的知名作家一样，这封信也不过代表这位编辑的个人观点。你要坚持、要继续。你的荣耀和自爱取决于你履行使命的决心和忠诚。”

于是我继续坚持了下来。我真的希望，当你遭受到或轻或重的打击，被击倒，哪怕鼻青脸肿、面目全非、血流满地，你也可以像我一样，能够坚持下来。挫折也是一种检验你对梦想渴望程度的方式，不是吗？

正如西奥多·罗斯福于 1910 年 4 月 23 日在巴黎索邦大学发表的题为“共和国下的公民”的演讲中所说：

> 重要的不是那些评论家，不是那些高谈阔论强者曾在哪里出错、功成名就者在哪里可以做得更好的人。荣誉属于那些脸上沾满了灰尘、汗水和鲜血的真正在竞技场上的人；那些勇敢奋斗的人；那些曾犯错误、一次又一次地失败的人，毕竟这世上就没有一帆风顺的努力；那些真正去努力实干的人；那些体验过浩瀚热忱与宏伟热爱的人；那些将自己的一生奉献给有价值的事业的人；那些在好的情况下可以成功取得辉煌成就的人，在差的情况下，即使失败，也是在无畏的勇气下失败的人，如此，他们便永远不会和那些既没有体验过成功也没有感受过失败的冷漠、胆小的匹夫们共处一地。

命运确实偏爱痴人，好运一定会眷顾那些胸怀壮志者。世界也绝对会支持那些不愿向恐惧、否定和怀疑低头屈服的人。

在那本书出版了几个月后，我和我当时四岁的儿子一起光顾了一家本地的书店。这主要归功于我儿子，因为他对锤子、卷尺和其他的木工工具的热爱（他甚至每天晚上吃饭都要穿格子衬衫、戴黄色安全帽和假的皮革工具腰带），他把我们领到了一家五金店，五金店旁边就是那家书店。我至今都记得很清楚，那是一个雨夜，一轮华丽的满月预示着将有吉兆。

一进书店，我们就直奔图书展示区，那里摆放着我的著作。我给过店主六本用于寄售（这意味着如果卖不出去，他可以退给我）。另一位自行出版书的作家曾分享给我过一个重要的小窍门，一本书一旦被作者签名了，图书零售商就不能再退掉了。所以我曾光顾过每一家销售《卖掉法拉利的高僧》的书店，并尽可能地在每一本我的书上签名。

我从书架上抽走了那六本书，走到前台，礼貌地询问我能否在书上签名。柜员同意了，我年幼的儿子就坐在我面前的实木柜台旁休息，我一只手扶着他，用另一只手在我那没什么名气的作品上签名。

正当我签名时，我注意到有一个人在看我，穿着一件被雨水打湿的绿色风衣，站在一旁，注视着我的一举一动。

几分钟后，那个人走到我面前，直截了当地跟我说：“《卖掉法拉利的高僧》，多好的书名，跟我讲讲你自己吧。”

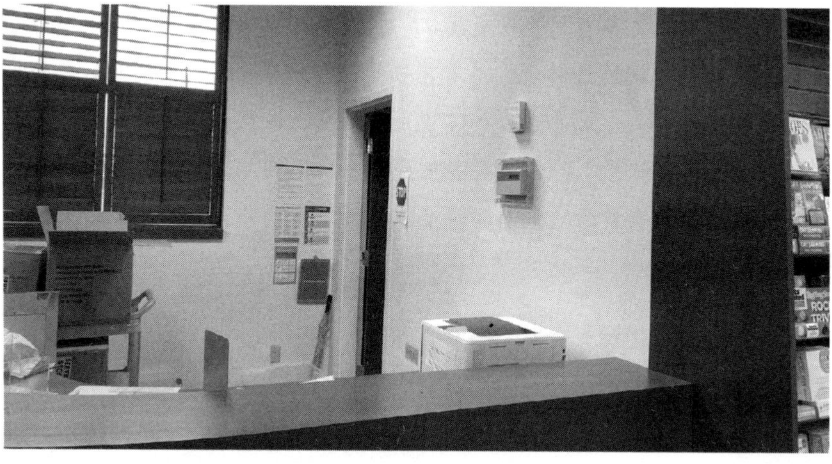

书店的柜台

我就跟他解释说，我是一名律师，前几年我一直都过得很失意，因为我一直过着自己不想要的生活。我告诉他，我发现了一些有价值的方法，可以使生活变得更快乐、更自信、更高效也更有活力。我说，我一直有一种强烈的动力，想要将我的书尽可能多地传播给其他人，尽我所能地服务社会。我补充说，我是在一家 24 小时打印店印出的这本书。在我追求这项事业的过程中，我也曾遭受过无尽的嘲笑、批评和贬低。

他看了看我，打量着，似乎等了很久。

然后掏出钱包，递给我他的名片。上面赫然写着：爱德华・卡森，总裁，哈珀・柯林斯出版社。

巧合，是命运无声的手段。对吧。

三周后，哈珀・柯林斯出版社买下了《卖掉法拉利的高僧》这本书的全球版权。

共计 7500 美元。

如今，这本书已经成为有史以来最畅销的图书之一，并且在此过程中，服务了这个宝贵世界上数百万善良的人。

因此，在这一章的末尾，我想鼓励你认真考虑一下那些沉睡于你心底、静待被实现的崇高理想。我想请你思考一下，你怎样才能成为别人生命中的科拉・格林纳威，成为那种可以为身旁人带来勇气的人。去走到那拘束你的恐惧的边缘，打破它的桎梏，警惕那曾经的伤痛正阻碍着如今的你，去跨越这一切吧。

因为今日已是新的黎明，世界正期待你的壮举！

3

不败前的最后一刻

来杯咖啡，放起迷幻舞曲。严酷的冬季终于让位给了更受欢迎的春天。

我坐在我的写作室里，每当我开始工作时我就会来这里。我将分享这个场景，来拉近你我的距离。

这是我在家里时最喜欢的创意空间之一

今天的我处于沉思的状态之中，作为一个内向的人，我常常如此。

我想起了我在领导力和自我超越领域工作了近三十年来遇到的那些人：或在《财富》100强公司的私人演讲活动上，或在遥远城市的街道上，或在我们这个完全值得拯救的星球上的各个迷人国家中的庞大体育场里。

他们举止体面、意图清晰，在我们的交谈中极为清楚地传达着他们渴望更多。

他们想要知道，直率地表现自己的创意、天赋，享受生活的瑰宝，并致力于建设这样的文化环境——用鼓励而非批评，引领而非迫害，创意而非流言，热爱而非仇恨来赢得生活的胜利，这一切究竟意味着什么。

他们想要变得更加乐观，更加勇敢，胸怀更宏伟的目标，同时他们也想知道，受到极致的鼓舞和活在当下，而非沉湎于过去的创伤或对未来的恐惧之中，究竟意味着什么。

他们想要恢复他们与自身最真实的美德、最伟大的潜力和最鲜明的抱负之间的关系。

并且想要以足够的清醒来度过生活中的每一天，去尽情享受生活中最简单的乐趣，而没有忧虑的负担。

你是聪明的（也许比你所知道的还要聪明，在当下我们交流的时刻）。

你知道，没有表现出来的潜能会转化为痛苦。

你知道，社会推销给你的衡量成功的标准都是空洞的承诺，只会在你长期追求勇敢生活的过程中分散你的注意力。

你明白，你越接近你的财富，你的恐惧就会越大。

你意识到，你心中那个虚伪的自我最想逃避的项目，恰恰是那个高尚的自我想要推进的事业。

你会发现，世界一流的水平更多与习惯相关，而非基因，并且所有重量级的产出者都在非常非常努力地工作。

你知道，时间在流逝，而迟来的超越就是对天赋的否定。

你知道，你不能再多等哪怕一天以成为你梦想中一直渴望成为的英雄。

所以，我恭敬地建议你——

从今天就开始吧

鼓起勇气去释放你全部的能量。因为当你触碰到极限时，极限就会被突破。

激活你孩童般的那部分，就像你在被教育要有所收敛、被训练像其他人一样思考之前，你曾狂热地好奇并不断地学习那样。这样你就会不断地超越现在的自己。

衡量你的成功要看你进步的程度，而非你柜子里的东西。

引领他人不要用头衔，影响他人不要靠职位，创造出一个杰作，以证明自然垂青于你的许诺。

并且记住，最简单的路往往都是最贫瘠的路。

并且，拖延就是最大的背叛。

4

不好也没关系

我们的文明施加给我们这样一个观念：如果我们没有微笑和快乐、如果小狗没有跳舞、如果彩虹没有在完美的日子里泻入玻璃窗中，那我们的生活就出了些问题。

但我所学到的是：热烈的生命需要进入竞技场，承担多种风险、追求多条道路、遭受多重击打并与变幻莫测的大海上的狂风暴雨搏斗，而非做合情合理的事情。爱尔兰剧作家萧伯纳的一句箴言在我艰难的日子里给了我灵感："理智的人使自己适应世界；不理智的人努力使世界适应自己。因此，一切进步都有赖于不理智的人。"

我也意识到，正是因为我们都经历过艰难和动荡的时期，所以当美好的时光到来时，我们才能够完全体会到其中的欢乐。并且美好的时光总会到来——即使有时它们看上去不会。

海伦·凯勒教导我们："假如世界上只有欢乐，我们就永远学不会勇敢和耐心。"

我必须承认，当事情不如我所愿时，我会变得很不愉快。我不再像平常一样欢笑，并且变得更加忧心忡忡。我不再精力充沛，不再富有创造力。我失去了过去高效的勃勃生机，也再难获得过去那种强烈的抱负感。

但我后来明白了，感觉不好也完全没关系。当我们没有在制造大多数人所看重的那种世俗生产力时，我们很可能在提高自我的精神生产力。自我的挣扎恰恰意味着灵魂的升华。挫折、挣扎和受困都是人生的一部分——永远不要将其评判为"坏"和"错"。在我们注定要经历的旅程中，这只是必不可少的一站。这段旅程，我们称之为一生。

我发现，那个磨人时期里的一切，其实都在提升我的智慧、锻造无价的意志并且在危机中彰显人类的力量。痛苦使我放低了姿态，增强了气概，使我变得更加谦逊，当然也更有爱心。这些经历只是在地球这所大学校中的固定一课，是一个人一生中的一个篇章，在其一生中，他将竭力扶携他人并走向天堂。

我宁愿陷入迷茫，受点小伤（或再多受一些），但知道自己活得充实，也不愿把自己最美好的年华浪费在家中看电视，或去一家我并不想去的商店里买我不需要的东西来给不认识的人留下印象。那不是我，那不是我想要呈现出的样子。

因此，我真心地鼓励你——这个非常真实的人，致力于（并注定会）过上一种绚丽多姿的、富有成效的、充满影响力的生活的人——带着骄傲去包扎伤口。去捍卫那些令你不断深化、取得进步和日臻完善的疤痕。并将曾经刺痛你的伤口视作奖励你勇气的勋章，因为它证明了你一直在追求你的远大目标和崇高理想。

一定要记住：不好也没关系。

5

淘金者悖论

有一个古老而真实的故事。几千年前，泰国有一座金制的佛像。高僧们会在它面前祈祷，人们会注目于它的美。所有路过的人都会对这座了不起的杰作肃然起敬。后来，外国侵略者即将发动大规模入侵的消息传开了，显而易见，佛像可能会被偷走。

因此，高僧们想出一个隐藏它的计划，他们在金佛上涂上了一层又一层的泥土，直到完全看不出佛像的轮廓。

入侵者们正巧从佛像旁边经行离开，高僧们松了一口气。

几个世纪后，一位游客在这座小土山中发现了一丝金光。随着人们挖开泥封，更多的金子显露了出来。最后，他们发现那是一尊完全用纯金打造的佛像。

你正如这尊佛像一样。

你越是一层一层地深入到你内在天赋的宝藏中，你就会在外在的现实世界里得到更多的、意想不到的丰厚回报。这真是个悖论，不是吗？不是的，如果想要在公共生活中取得成功和意义，你就必须深入内心探索你自己的私人世界，这样你才能拥有真正的自己。

随着深入进行自我认识的内在工作，你身上曾被覆盖住的金子将会重新显露，使你远离生活的艰辛和烦恼。通过更多的日常练习来挖掘你的天赋、提炼你的才能、展示你的卓越，当你身处公共场合，你身上自带的一切优点就都会显露出来。

我在曼谷为一家快速发展的公司做领导力报告时，去看了令人惊叹的金佛。下图就是我存档中的照片。

我真正想要提供给你们的见解其实是，去追求实现辉煌、无畏（和美丽）的生活，取得提升我们全球大家庭的成就，并不需要改变自己成为其他人。当然，这只是一种可能。

真正的努力其实是找回你曾经的样子，找回那个被冷漠的文化教唆，用怀疑、猜忌和虚伪的盔甲遮掩住你的光芒和天赋之前的样子。让你的生命成为一座丰碑，以精通、以高效、以真诚服务全人类。

在曼谷，和金佛在一起

6

从受害者到英雄的飞跃

我希望通过这部作品告诉大家（最好是能够以一种深入骨髓的程度融入你们内心）一个要旨：每天我们都面对着各式各样的，可以从一名受害者转变为一个平凡英雄的机遇。因此，你的每一举、每一动，都像是一张选票，随着时间的推移逐渐显露影响，对你能否成就伟大，投下“是”或“否”的一票。

为了实现你的超越，过上最好的生活，我请你完成以下五个飞跃。下面让我们来逐一介绍。

飞跃 1　从“不能”到“能”的心态转变

受害者都是“不能”的囚徒。他们只会麻木地告诉你为什么理想不能成真，为什么事业不能成功，为什么抱负不能实现。隐藏在“不能”背后的，实际是恐惧。恐惧失败，害怕做得不够好，担心自己不配成功，畏惧批评，惧怕受伤，以及害怕想象中成功后的责任。所有建设和变革世界的豪杰、领袖，都是使用“希望”“执行”“自由”等方面词语的专家，他们不会被“不能”感染。

他们明白，语言就是思想的表达。创造一件杰作、发起一项运动，或者构建美好的生活，都需要“能”的正能量。自我怀疑者和有失败主义想法的人永远都不会创造历史。

我有一部很喜欢的电影，名叫《至暗时刻》，这部电影讲的是温斯顿·丘吉尔成就为传奇战时领袖的故事。在影片的最后一幕中，他做了一场激情澎湃的演讲，令议会两党都为之倾倒。

从受害者到英雄的飞跃

	受害者		英雄
1.	受害者 **不能的心态**	▶	英雄 **能的心态**
2.	受害者 **制造借口**	▶	英雄 **创造业绩**
3.	受害者 **活在过去**	▶	英雄 **创造更光明的未来**
4.	受害者 **胡乱忙碌**	▶	英雄 **富有成效**
5.	受害者 **向世界索取**	▶	英雄 **向世界奉献**

就连丘吉尔的老对头，哈利法克斯伯爵都被丘吉尔奇迹般的语言惊呆了，不禁扭头问身旁的同事：“刚才发生什么了？”同事则回应说：“他将语言作为盔甲，上阵厮杀。”

是的，你所说的每一句话，每一个词，其实都是一颗种子，它们会在无形中生根发芽、开花结果，成为你将来的收获。你播出什么样的种子，就会收获什么样的果实。语言是有力量的，它们曾被用于激励和解放整个世界；但当演讲者出于邪恶的动机时，语言则会给予成千上万的人以负面的影响，使他们成为仇恨的爪牙。

当你听一些有着“平庸哲学”的人说话时，他们就会示范出什么叫作

“受害者的语言”，说话消极，为自己为何没能在生活中英勇表现而强词夺理。他们会不停地狡辩说为什么他们不能在人生的艰难时期保持优雅，为什么他们不能无条件地提升自身表现，为什么他们不能成为其他人的好榜样，为什么他们不能健康生活，为什么他们不能发家致富、出人头地。“不能”就像一座塔，受害者们自己把自己镇在里面，祈祷这样就能保护自己免受风险和威胁。然而，这也意味着，他们也无缘于深思熟虑后（而非考虑不周）进行挑战可赢得的丰厚回报。

几天前，我看到有个人在电视节目上抱怨政府没有尽全力支持他，以确保他的小生意能够兴隆，从而使他的生活可以更加轻松。他抱怨道：“我找不到任何解决办法，我无法在这种动荡的环境中生存。”

呃——

我对此不做评判（真的一点也不做）。但在我看来，这位善良的人在期待一种自身之外的外部力量来实现他的愿望。可据我所知，这个世界并非如此运行的。上天不会奖励那些在遇到坎坷时不停责怪外部环境，然后自己什么都不做，只是消极等待帮助的人。

相反，它赞颂那些以能动性压倒困难，并把挑战转化为机遇的人。

生活喜欢那些平凡英雄，他们明白自己拥有能力、才干和力量，来利用好命运在他们人生道路上精心安排的每一个事件。

你所使用的词语是带有强大“引力场”的，能够吸引那些相对应的结果，与它们产生共鸣，就像磁铁吸引铁屑一样。还要知道，我们每天使用的词语其实也向周围人揭示了我们自身的一些牢固信条，即使这些信条并没有实际服务于我们自身（可能只是早年间我们信任的人随口说的几句玩笑话）。在我自己的生活中，我经常使用暗示的技巧来重新排列组合词语，使之更加积极并富有创造力。每天清晨，在我的潜意识最容易受到暗示的时候，我就会念一些“咒语”，如“我今天表现得很热情、优秀、友善”，或者“我非常感激昨日，以及昨日的那些美好、快乐、兴奋”。在白天，如果我的思想和心灵沉溺于过去的伤痛，或者进行了一些消极的自我对话，使我没能表现出最好的一面，我就会悄悄地对自己说“我们不能再这样了”

或者“让我们不要这样”。我知道这样做可能会看起来很奇怪，但是，因为我真的想帮助你，所以我分享了这个对我非常有效的个人实践。

所以，迈出这一步，对作为你思想化身的语言进行更深刻的认识。随后，带着这种高度的意识，着手清理掉所有的“不能”，并用“能”的力量重新编排。将你的词语表向具有领导力和例外论的方向重新排列，这是提升你的自信、表现和作用的最简单也是最有效的方法之一。

飞跃 2　从制造借口到完成目标的转变

你可以制造借口，你也可以改变世界；但你不能既为自己制造借口，同时又改变世界。你可以通过观察人们在解释他们生活不顺的原因时，看他们的第一反应来识别哪些人是受害者（受害者总是强调生活不顺不能怪他们自己）。

这些人不停地重复借口，以至于他们自己都被自己洗脑，相信这些借口是事实了。他们把为自身平庸开脱的技巧锻炼得炉火纯青，已经达到“职业选手”的标准。面对同样的事情，不同的处理方式也会带来不同的体验。如果你充分意识到，你越是将现实中的困窘归咎于环境、事件和其他人，你就越是强化了这种环境、事件或他人所带来的消极影响。只有我们对自己所造成的结果承担全部责任，我们才能成长。这样做，我们才能完整地掌控自我,实现我们所追求的进步。每次你克制自己不去寻找借口，而是把自己视为自己生活的造物主，你就会获得相应力量的增长。每天这样做，你一定会成为一个品质杰出、自律、高效和灵魂自由的人。

飞跃 3　从活在过去到创造未来的转变

受害者很擅长活在过去。然而，如果一只脚始终停留在过去，你就无法拥抱美好的未来。把你过去的经历看作一所学校，而非囚笼。你可以选择性地失忆，只记住享受过的美好。放下那些积怨和失望，同时利用艰难的事件来进步成长，让你成为一个更勇敢的产出者和更好的人。

在我曾经指导过的行业巨头、体育明星和那些真正在建设世界的人中，他们每一个人都培养出了这样一种技能，即能够将发生在他们身上的一切事情作为燃料，提升自我，从而更上一层楼。这些超级明星中的每一位都完成了关键的飞跃，从反思过去，到优化“世界级”的现在，再到迎接“大师级”的未来。

飞跃 4　从忙碌到高效的转变

请不要将忙碌与高效混为一谈。绝对不要认为行动就等于进步。日程表排得满满的并不意味着你会完成了不起的事情。太多优秀的、潜在的传奇人物都陷入了做“假工作”，而非真正的努力的陷阱。这二者有着天壤之别。

对于受害者来说，忙碌是一剂首选的麻醉药，是一种逃避，可以让他们在无意识的忙碌中，用肤浅的琐事将时间填满，借此逃避那些需要发挥人类天赋，才能达成的事。欺骗自己，装作自己有太多事情要做，然后将自己的失败与一事无成归咎于，艰难而残酷的世界已将自己的精力消磨殆尽，使自己无暇顾及其他。这相比于打破外部干扰，掌控自己的人生，以及完成引人注目的杰作，来彰显与生俱来的才华而言，确实轻松太多。

飞跃 5　从向世界索取到向世界奉献的转变

不要听信如今市面上所谓的，成功就意味着“赢者通吃”的流行说法。与其向这个世界索取，不如把你始终如一的热情奉献给这个世界，并以服务全人类的方式行事。

绝大多数的人群仍生活在匮乏之中（恐怕没有足够的东西让每个人都生活幸福）。他们是生存主义者，思维只停留在大脑的边缘叶，被原始的生存思维，而非更高层次的思想和智慧驱动。想要真正体验你自身潜能的好处，请牢记这句箴言：“让最多人致富者才是赢家。”让慷慨及持续为他人服务的美德，指导你的余生。

政治家果尔达·梅厄曾写道：“要相信你自己，活出你想要的样子。煽动自己内心的火花，使之燃为成就的烈焰，尽你所能，成就自我。”

通过运用以上五个飞跃，你会愈发信任自己，愈发了解自己杰出的才干和优点，你会找回那个确信能够将当前的梦想转化为在个人方面、职业方面、物质方面和精神方面都能取得巨大成功的自我。

是的，我认同这个过程会并不轻松。（我们的社会怎么会去庆祝那些容易实现的事情？）

但请记住，那些不能鞭策你的追求永远不会使你进步。

而那些最困难的事情往往是最有价值的。

当你越接近奇迹时，恐惧的尖叫声便会越响亮。

所以，用强大的智慧继续前进吧，行好事者身上定会有好事发生。到时再与我们分享你的宝藏。

7

我的日记被偷的那次

在不涉及血淋淋的细节，并充分保护当事人尊严的前提下（那些当事人已经尽其所能，以他们最好的方式处理这件事了），我想跟你讲讲那次，我珍贵的九年私人日记被“借”走的事情。

记载着我所有梦想的表单和记录我所积累的知识的学习清单都在里面。那些年所有深刻的心路经历，以及从心碎、艰难和其他失望中获得的无价的治愈，都被记录在这部日常的日记里面。我理想生活的拼贴画，我最脆弱的个人反思，和我对自己最需要什么样的成长的长期思考，都被带走了。所有我在自己人生旅程中富有创造力的观测和所获得的见解，我与智囊交流中的收获，以及我在日常生活中学到的成千上万的东西，都这样消失了。

这一切都发生在那一天，更准确地说，是在那个早晨。命运总是喜欢与人开玩笑，对吧？

所以，当人们问我：“罗宾，我喜欢你用写日记的方式来增进乐观、真实、感激、专长等一系列品质并推动精神解放，但如果有人看到我写的东西怎么办？”对此我有丰富的经验，足以给出令他满意的答案。

我会这样说：“这又有什么关系呢？他们会看到这样一个人，他过着自己的生活，既有希望又有敬畏，既有美好但也不乏瑕疵，既有坚定又有困惑。他为自己工作，去竭力触摸他的最高理想。这是何其勇敢，何其光荣啊！”

这次惨痛的损失教会了我“放下”，这是你我行走世间能学到的最宝贵的技能之一。这种被出卖的经历，增强了我接受现实和处变不惊的能力。它帮助我学会了如何分离和放手对于其他事物发展的控制。如果其他人读到了我的恐惧和失败，以及我的祈祷、愿望和品质，他们就会发现，曾经对我的看法是错的。

最好而言，任何读过我个人反思的读者，都会看到一个一直在前进道路上的人；一个比任何地方的任何人，都更加努力地在自己身上下功夫的人；一个强烈希望提高自我，以便变得更加可敬、体面、乐于助人和富有同情心的人；甚至在未来的某一天，可以变成一个高尚的人。

最坏而言，一个旁观者会看到我曾经的错误，读到我过去的挫折，了解我的伤痕，并认为我已经颓丧。

可你猜怎样？在我的哲学里，这只会让我变得更加真实、清醒和鲜活。

我认识很多名人、著名领袖和所谓的大师，当走下舞台，离开聚光灯后，他们真实的样子根本就不是他们所标榜的那样，一切都是虚幻、精明的包装和营销。

每天真诚地写日记有助于提升自我，完善自我理解，提高创造力，通畅情绪，使我永怀感激之情，也清除了我灵魂上的许多污点。

坦白地说，这种做法差不多救了我的命。

那些我写在纸上的东西，写在两张黑色皮革封面之间的东西，详细地描述了我个人净化的过程。我的训练是为了塑造一个更强壮的品格，成为一位真正服务大家的领袖。我试图释放而非压抑我心中消极、有害的东西。我的日记里，满满记录的都是我的那段，在悄无声息中，逐渐地战胜了自己不安和恐惧的一面的最伟大的自我冒险。

如果与我同住在地球大家庭中的兄弟姐妹们，在了解到我的错误和弱点后，试图谴责或嘲笑我，或者对我的印象变得更差，那么好吧，这对我来说不算什么。事实上，他们的行为完全取决于他们自己，与我无关，不关我的事。

我非常喜欢电影《枪杀信使》(*Shoot the Messenger*)中的一句台词："仔细观察别人的生活，你只会看到一出拙劣的马戏。"

一出拙劣的马戏，无论观察谁的生活，都是这样。

充满色彩和喜剧、惊喜和杂技，在危险的情况下走一段钢丝，以及在明媚日子里的无数敬畏与奇迹。

8

那些重量级导师的教导

我正在跨越大西洋的航班上为你写下这段话，我祈祷你能够专注于你的事业，一心一意地追求卓越的巅峰，并且坚定地准备在这个世界上出人头地。同时，我也祈祷你能够塑造一种幸福、成熟、宁静、有益的生活，一种最终能使你感到自豪的生活。

我很幸运，在我的生命中遇到许多优秀的导师。

在我 20 岁刚出头，还在做律师的时候，我曾为一位极其正直、有着罕见的纪律性又非常谦逊的首席法官工作。他在司法领域备受崇敬，受过哈佛教育，才华横溢，有着真正的大师风范。然而，他的生活却相当简朴，如他开的车只是一辆很不起眼的普通旧车。正因他是一位重量级的人物，他选择不去投入琐碎的事情。

他退休后，我们也一直保持着联系，他会通过邮寄的方式寄给我一些体贴的亲笔信，感谢我送给他各式各样的书。他诲人不倦，总是赞赏我的进步，并祝贺我作为一名作家和领导力顾问所取得的进步。他的不吝赞美，总是让我觉得自己比过去的自己更强，比现实的自己更好。他对我的尊重无疑使我变得更充满希望，这就是他这个人的伟大之处。

我期待那些信件，那些用他老旧钢笔里的墨水，仔细地将我的名字和地址镌刻在信封外皮的信件。

当他即将八旬过半时，那段时间我的日程正被各种巡回演讲、新书截稿日期和对家庭的责任排得满满当当，但我决定先把手头的所有事情都放一放，坐上飞机去看望这位对我的一生影响如此之大的老人，我可不想失去能够再见他一面的机会。

我们喝着浓茶，回忆起共处的时光，开怀大笑，聊着我们都感兴趣的广泛话题。

最后一次拜访我最伟大的导师之一——首席大法官洛恩·克拉克

临走前，我问我年迈的导师："首席大法官克拉克，在我前进的道路上，你想给我的最重要的建议是什么？"

他顿了几分钟，然后轻轻地回答说："永远要善良，罗宾，这太重要了。永远要善良。"

随后他做了一件我们认识这么多年以来，他从未做过的事情，他靠过来给了我一个拥抱，并补充道："我爱你，罗宾。"

两个月后，这位法律界的巨人、真正伟大的公仆，与世长辞。

史蒂夫·沃兹尼亚克，苹果公司的联合创始人，也是一位对我影响深远的导师。我是在苏黎世的泰坦峰会（The Titan Summit）上认识他的，当时他是我在泰坦峰会上的教员之一，泰坦峰会是我经营了多年的、一个为全球领导人和精英企业家举办的现场活动。

虽然沃兹是一位名人，但他是独自一人来到峰会的，举止彬彬有礼，像一位好朋友一样没有架子。在台上接受采访的时候，他透露了自己作为一位愿景家和技术专家的制胜法则，并对于史蒂夫·乔布斯大师般才能的真正源泉，分享了他自己的真知灼见，并且邀请我们所有人，不仅要致力于在我们各自所从事的领域做到最好，也要对我们遇到的每一个人，以礼貌和尊重相待。

我们已经保持了多年的联系，我逐渐认为他不仅是一位导师，更是一位非常重要的朋友。

在苏黎世泰坦峰会的后台，与苹果联合创始人史蒂夫·沃兹尼亚克

虽然我很荣幸地成为了许多亿万富翁，NBA、NFL 和 MLB 体育明星及耐克、联邦快递、甲骨文、星巴克、联合利华、微软等公司领导团队的指导者，但是如果你问我，谁是对我人生影响最大的人，我会说：“这个问题很简单——我的父亲。”

我父亲出生于克什米尔查谟的一个普通家庭，他父亲是一位牧师，母亲是一位信徒。据我叔叔（我父亲的兄弟）说，我父亲是一位很有天赋的学生，能够从上万名竞争者中脱颖而出，获得在印度阿格拉的医学院学习的资格，阿格拉正是泰姬陵的所在地。

等到了该去学校报到的时候，我父亲和他哥哥走了一整天的路，然后坐了三天的火车才抵达学校，到学校后却被学校通知，他的名额已经给了别人。

他们很沮丧，却没有气馁。他们恳请校长看在我父亲成绩优异的分儿上，能够给他一次机会。（父亲永远不会说自己的成绩有多好，他太过于谦逊，但我叔叔曾证实过，他确实“非常聪明”。）

经过一系列讨论，父亲终于获准入学，这使他……

拿到了他的医学学位，并搬到了非洲，在那里他遇到了我的母亲（我也在那里出生）。

在那里，他作为一名战地医生，为乌干达政府效力。（他曾在丛林中与独裁者伊迪·阿明相遇。我母亲说，那天她救了我父亲的命。但这是另一个故事了，也许将来会写成一本书。）

养育了一个健康的家庭（我哥哥是一位广受尊重的眼科医生）。

我的父亲（和我高明的母亲）对我来说就是全世界。

54 年来，我父亲作为一名家庭医生，始终为社区做着贡献。

十载又十载，他不断地帮助那些需要帮助的人，甚至自掏腰包帮穷苦的病人买药。

一年又一年，他不断地向我传授他那深刻影响我一生的重要哲学。

本着乐于助人的精神，我想分享我从父亲那里学到的最好的一课。这是简单而又深邃的一课（就像所有伟大的真理一样）——“服务他人”。

在我们这个多变的时代，有太多人是以自私、权力和不体面的方式行事，以致我们的社会受损，我们的家园受害。

太多人已经忘记了，我们其实都同属于一个大家庭，属于地球这个大家庭，而在这个拥有着两千亿星系和两万亿颗恒星的宇宙中，地球是个微不足道的小星球。

太多人只知以积累衡量成功，不懂得什么是“足够”，像马基雅维利的学徒一样枉活一生。

太多人已经被洗脑了，坚信只有索取最多的人，才会得到最好的结果。

真的是这样的吗？

当你在他人身上慷慨给予、不吝地帮助有需要的人时（无论是亲戚还是朋友，是顾客还是供应商，是邻居还是陌生人），能流失多少财富呢？

我和父母在花园里

回报却是慷慨的，如无瑕的幸福、持久的宁静和不断增长的自爱，这些回报都来自你知道自己是在为一个比你自己更伟大的使命而活。

“服务他人。”我父亲常对我和哥哥这样说。有时，他会坐在客厅里那把他最喜欢的椅子上，医学课本就堆在他的旁边，他补充道：“孩子们，这就是美好生活的秘诀。”

为了强调这点，爸爸在他处方簿的硬纸板衬底背面写下这首泰戈尔的诗，并贴在厨房里的冰箱门上面，这样我们每天早上上学前就都能看到它。

春天已经过去。
夏天也已离开。
冬天都已来临。
我仍未唱响那首想唱的歌，
因为我一生都在调试乐器。

对我来说，这节诗提醒我们，人生短暂，不能不全力以赴。我们每个人心中都有不可压抑的音乐，并且忙碌也只是忙碌，只能让你的时间被不重要的追求消耗，这是对于你天赋的严重不敬。

这句话也让我想到，我们每个人都肩负着为他人服务的义务。人们说，在一个常令人坠泪的文明中，他们有义务去鼓舞他人。人们指出，我们有集体责任去减少我们当前文化下，生活中的不公正、虐待和仇恨，并以对所有人的善意和更多的荣誉取而代之。

我父亲，我最伟大的导师，在我还是一名年轻律师的时候给我写了一封信。这些字如今已刻在我的心底，我想与你们分享一下：当你出生时，你哭泣，而世界为之欣喜。善度你的一生，使你离去时，世界哭泣，而你能够欢欣。

9

被嘲笑的乐趣

这是一个简短的小节，是为那些有愿景、有梦想但不善于与他人或环境相处的人准备的。

当你准备实现你的雄心壮志和远大抱负时，嘲讽和挑衅的人就会跳出来。

当你想要活出自我、展现天赋时，愤世嫉俗者和吹毛求疵的人就会出来嘀咕、抱怨。

当你打算将过去沉睡着的高效、繁荣且有影响力的“帝国”唤醒，并将其带入现实之中时，那些总唱反调的人就会讥笑你，并试图阻止你。

然而，所有创造历史的人，在受到众人敬佩之前，最初都是被嘲笑的。

勇敢理想的本质和实现理想的炽热希望，意味着你将从人群中脱颖而出，被称为怪人，你的创造力也会使社会上大多数的人感到威胁。这些将反馈为对你的嫉妒、嘲笑，有时甚至是恶意攻击。

但请记住，那些试图阻碍你实现梦想的人，暴露的是他们的局限，而非你的。所以请不惜一切代价继续坚持下去。面对他们的不安全感和“停滞不前”，你绝对不能屈服。

因为，不采取正确的行动就意味着那些心胸狭窄、卑鄙吝啬者的胜利，以及那些宁愿看到大家都身处黑暗，也不想看到每个人都闪耀光芒的人的胜利。

10

奥逊·威尔斯的备忘录

奥逊·威尔斯是公认的有史以来最棒的电影人之一。

他制作了《公民凯恩》。

他导演并解说了由韦尔斯的小说《世界大战》改编的传奇电台节目，这个节目甚至在公众间引发了广泛的恐慌，因为听众真的以为地球被外星生物袭击了，纷纷寻求庇护。

他通过使用非同寻常的拍摄角度、兼收并蓄的音效技术，以及后来成为他招牌的长镜头，彻底改变了电影的拍摄方式。

然而，我最欣赏奥逊·威尔斯的是他艺术上的操守，以及他作为一位创作领袖，对于完美的执着。

为确保他的电影《历劫佳人》能够成为一部佳作，威尔斯在剪辑室里将影片剪辑了三个月，随后即被制片厂禁止继续参与这部电影的制作。（他一直被好莱坞高层视为局外人，很难得到参与电影制作的机会。）

威尔斯理解人们对他完美主义的不满，他说："我可以永远剪辑一部电影，剪辑一辈子。我不知道为什么会花那么多时间，但我知道这一定会引起制片人的愤怒，随后他们就会将影片从我的手中夺走。"

在被撤职的几个月后，威尔斯看到了制片厂制作的《历劫佳人》剪辑版本。他非常苦恼，电影的质量根本没有达到他对于优秀的标准，即使他已经不再参与制作（当然也得不到任何报酬），他仍然写了一份备忘录给制片人，精准、详细地说明了哪里需要再剪辑修改。

这份备忘录长达 58 页。

我曾读过，真的很惊人。

它所展示出的专业技术，对微小细节的仔细观察，以及对自身声誉的重视，都令人震撼。这对于任何真的想要使作品经久不衰的人来说，都是极大的启发。

但这些建议都被制片人抛开了。《历劫佳人》就这样被发行出去。

这个版本的《历劫佳人》在市面上流传了 18 年，直到威尔斯的备忘录被《电影季刊》杂志发现并公开发表，这引起了一位崇拜奥逊・威尔斯的导演的注意。他对影片进行了重新剪辑，使其更忠实地体现了其幕后先驱的原本想法。

影评家们都很钟爱这一版本。

然而，对我来说，真正的胜利不在于电影的重新发行，而在于备忘录的撰写。

这证实了成就一项杰作并非是为了赚钱，而是更关乎创作者的名誉。

11

没有什么是完美的

我在哥斯达黎加的圣何塞时，下榻在一家位于迷人水道旁的时尚精品酒店里。

结账时，前台的年轻女士礼貌地问我：“住得怎么样？我希望会是完美的。”

我还没来得及回答，她就打断了自己的话：“当然，没有什么会是完美的。”

嗯哼。

“没有什么会是完美的。”多么高明的见解。

在大自然中，沙滩、花园、曲折的小溪、芬芳的花朵、茂密的丛林，没有一个会是完美的。

生命也是如此，因为生命也受同样的自然法则的支配。你永远都不会找到任何绝对完美的东西。

一旦接受了这一点,你就会发现事情处理起来容易多了。你会更快乐，更平和，更具精神天赋。

凡事都不可能是完美的，即使是你最出色的作品。我敢肯定，米开朗琪罗如果事后回想起来，肯定会在西斯廷教堂天花板的壁画上改动几笔；如果有第二次机会，列夫·托尔斯泰也会稍微修改一下《战争与和平》的结构；如果进一步反思，居里夫人也会重新构想她的一系列科学创新。

没有哪门生意是完美的，即使你的商品出众，即使你为团队挑选了最出色的成员。

餐馆里没有一顿晚餐是完美的，即使它是你吃过的最精致的一餐。

没有一双鞋，或者烘焙店里的蛋糕，又或荧幕上看的电影，再或电视上看到的顶级球员之间的体育比赛，会是完美的。

也没有任何人际关系会是完美的，因为我还没有遇见过任何完美的人。

但这也是一件极好的事情……

你对“万事万物都不会是完美的”这一概念理解得越深刻，你就越能够自然而然地开始在纷繁的事务中看到魔力。

你会开始从不完美的物体、经历和人身上看到一种化学反应（或是一种彻头彻尾的秘术）。正因万事万物都是不完美的，你将学会去相信一切都是最好的。

在日本，人们会用纯金将破碎的瓷片重新组装起来。这种做法叫作金缮，已有四百多年的历史。原本受损的碎片在破碎的地方会变得更加坚固，这让我非常着迷。更重要的是，这种方法赞扬了这样一个真理：有缺点的东西可以被重新设计为更有价值的东西。

难道这不是一件最好的事情吗？

12

卖栗子人的信条

一天晚上，我身处一个著名的欧洲城市，独自走在鹅卵石街道上。

我看着游客们从豪华餐厅里走出来，一边研究着奢侈品商店橱窗里精心摆放的展示模特，一边惊叹着月光竟能如此优雅地照亮大教堂的屋顶。

此时，广场上却坐着一个孤独的身影。

他弯着腰站在一个加热栗子的炉子前，专注地做着自己的工作，就好像那是全世界最重要的工作一样。虽然已经接近午夜，但他满是皱纹的脸上仍露着优雅的微笑。

我停了下来，买了一袋栗子，并请他跟我讲讲他的故事。随后我又问了几个关于他家庭的问题。我想知道，他在人生的旅途中是否遇到了什么困难，是什么最终使他沦落到这个广场上。

“已经很晚了，这么冷，现在街道上这么寂静，你怎么还坐在椅子上卖栗子呢？”我问这个头上戴着蓝色毛呢小帽的中年摊贩。

他默默地看着我。“在我的祖国，我曾经是一个非常成功的商人，”他回答说，“但后来由于生病，我失去了一切。失去了我的公司、我的房子、我的存款。但我还能工作，我还能够使我的生活变得更好。我仍然可以通过为大家提供这些我用爱烤出来的栗子，来给大家带来快乐。我还活着，所以我还能够梦想。”

“我还活着，所以我还能够梦想。”卖栗子的人重复道。

“我做过梦，也做过噩梦。因为我的梦想，我战胜了我的噩梦。”脊髓灰质炎疫苗的研发者、该领域的标志性科学家：乔纳斯·索尔克（Jonas Salk）说。

只要尚存脉搏和心跳的人，都有着一种迷人的力量，一种将理想转化为现实，将挫折转化为成功，将承诺转化为英勇行动的能力。不幸的是，大多数人都被教导要放弃这种力量，以至于他们都已经忘记了自己拥有这种力量。

不找借口的卖栗子的男人

就是这个男人，他经历过悲剧，被命运击倒、拷打。然而，他没有抱怨、谴责，或者放弃自己的能力，他没有像一个无力的受害者一样舔舐着自己过去的伤口，沉湎于自怜之中，而是这样：微笑、工作、助人为乐并尽力提升现状。多么出色，真正的英雄。

如果他继续以这样的决心和热情从事他的职业，毫不怀疑他很快就可以雇人帮助他在更多地方拓展他的事业，如果他能够坚持下去并抓住机会，他甚至可能收购一个栗子农场，并建立一家栗子加工工厂，雇用许多员工，说不定最终还会退休从事慈善事业。谁知道呢？当然，命运自有它的剧本，谱写了我们生命中的大多数篇章。然而，作为人类，我们也被赋予了巨大的天赋和惊人的力量来塑造我们自己的未来。

与这位性格刚强的栗子小贩打交道的经历，让我想起了“两家餐厅的故事”。

在一个深受情侣喜爱的浪漫欧洲城市，有两家餐厅。它们同在一条街，彼此临街相对。两家店提供同样的菜品，店面看上去也一模一样。然而，一家餐馆的门外每晚都排着长队，另一家则空空荡荡，没什么客人。

很有意思，对吧？

我敢打赌，门庭冷落的餐厅老板一定有成千上万的理由和借口来解释为什么他的餐厅不受欢迎。我猜“他们只是运气好”，或“他们的位置更好”，又或“我找不到一位好厨师”，再或“很难找到好员工”“经济环境使我没法成功”等理由一定是在他的借口名单里排名靠前的。但这些借口都不是事实，它们只能让老板面对空桌子时心里稍微好受点。

事实上，那家广受好评的餐厅找到了一种闪耀自身的方法。即使换到街对面的位置也还是一样。然而，放弃自身的能力却是一件容易得多的事情。不用在专业知识上进行投入，不用坚守职业道德，也不需要创造非凡事物的热情，太简单不过了。把自己的能力不足和境况平庸归咎于星象只会让人感到心安。因为要对我们的行为和由此产生的后果承担绝对的个人责任，你就必须向你心中的魔鬼与恶龙开战。这需要极大的勇气和渊博的智慧，但很少有人愿意去培养这些。

想要得到很少有人能得到的结果，你就必须去做很少有人能够做到的事情。

生活中其实本没有幸运，是我们以正确的方式行事，从而创造了幸运。

我建议你从即日起就向自己宣誓，让精湛的技艺成为你的明灯，让勤奋成为你的北辰，让正直成为你的灯塔，让终生追求卓越成为你的指南。

当你想要放弃，需要一些真诚的鼓舞时，想一想我那位卖栗子的朋友，戴着蓝色毛呢帽子的那位卖栗子的朋友。

13

提高积极性的 IPOP 原则

你的个人生态系统塑造着你的活力，你周围的环境会影响你的表现，这些影响都是巨大的。

外界的一切都会深刻地影响你思考、感受、创造和执行的方式，一切都会。

你的个人生态系统包括与你交谈的人、你关注的有影响力的人、你观看的媒体、你阅读的书、你吃的食物、你使用的行业工具、你乘坐的交通工具、你住的地方及你去过的地方。这一切都共同发挥作用，要么让你成为传奇，要么让你走向平庸。

这让我想到了 IPOP 原则：输入积极性，你就会产出积极性。

你不能一边每天都花几个小时看那些新闻，那些被设计出来吸引你阅读更多而非向你展示此时此刻世界有多美好的新闻，追随那些肤浅、爱炫耀的名人，和那些让你感觉不好的人在一起，把你的时间花在有害的环境中，同时却仍又寄希望于利用魔法来扩展你的天赋，遵从你的优良品质，并向社会释放你的魔力。

为了增加你的灵感，你需要做一些能增加灵感的事情。我知道这似乎显而易见，但人们往往在事情不顺时才会注意到这点。积极保护自己的积极性，从而产生精英般的创造力和巅峰效率，这在一个被鼓励以数字化娱乐作为麻醉剂、通过肤浅的哗众取宠来逃避现实的文化中，并不常见。要想获得只有 5% 的人才能体验到的回报，你就必须养成 95% 的人都不愿意接受的习惯和生活方式。

我的建议是，为你最充满希望的心态挖一条壕沟，为你最崇高的抱负筑一堵围墙。只允许那些能够激发你的热情、精炼你的天赋、提高你的表现并为你的天资增辉的影响跨越鸿沟。保护好那些鼓舞人心的想法，你如此努力地建立了一个无形的堡垒，决不允许任何威胁到你的人或事物进入。因为如果你的灵感罐是空的，你就永远无法着手实现你的事业、展现你的奇才。如果你充满消极情绪。哦，当你这样的时候，请确保你的头脑（和内心）填满了雄心壮志，这样就没有其他空间去担心琐事了。

顶级艺术家都是在积极、美丽和安静的环境中工作，其中一个重要的原因就是：它激活了“流畅状态”，如果我们安排好我们的工作空间和私人生活，让我们发挥出自己最强大的力量，我们每个人都可以获得这种智慧之流。

画家安德鲁·怀斯在成为历史上最著名的艺术家之一后，离开了纽约市，在宾夕法尼亚州查兹福德的一个农场的工作室和缅因州库欣的一处海滨小屋度过了他艺术家生涯的余生。亲近大自然令人敬畏的壮丽是所有大师在这个动荡变化的时代保持灵感、专注和快乐的共有习惯。（他们也常常是孤独的，因为只有在孤独的情况下才能达到你最大创造力的状态。）

在《麦田里的守望者》成为世界上最畅销的书之一后，塞林格在他34岁生日那天从公众的视线中隐遁，在余生的57年里，他每天都在一个小工作室里写作，这个小工作室通过一条地下隧道与他在新罕布什尔州康沃尔农村的正房相连。他可以去他的写作室，而不会被在屋外等候的摄影师和粉丝看到。

詹姆斯·邦德的扮演者伊恩·弗莱明在牙买加购买了一个隐居处，他为其命名为“黄金眼”，它坐落在一个迷人的海滩上，为他提供了顿悟和艺术的素材，以提高他的技艺。（我觉得很有意思的是，他指示园丁不要走过他写作室的窗户，因为这会打破他的艺术恍惚状态。）

作为英国首相，温斯顿·丘吉尔为缓解作为战时领袖的压力，他会在英国政府首脑的官方乡间别墅契克斯或他在英格兰东南部湖边的住宅查特韦尔度过周末。在这些地方，他会制定军事战略，仔细撰写引人入胜的演讲，在青翠的花园里画风景画、抽雪茄。

世界的建设者，以及致力于兑现自己承诺的平凡英雄，都懂得 IPOP 原则。他们意识到，在消极时增强积极性、自我鼓舞并对自身寄予厚望，是他们创造伟大作品，过上幸福、宁静和精神自由的生活的核心。

14

珍惜你的天赋

无论你走到哪里，你都会听到一些善良的人用不好的词来形容伟大的事物。开悟的方法就是“随它去”。

穿着时髦的运动鞋，你就会被人嘲讽走路姿势“恶心”。

学习冥想、构思、写日记和祈祷，来放下过去的伤痛、驱除胆怯、增强自信，你的朋友们就会为你变得“正经”而庆祝。

拿出你这辈子（到目前为止）最精彩的工作表现，别人就会说你“毁了”它。

提升你的技能，这样你才能释放你的潜能，同行们都会惊呼：“你做得真他妈的棒”。

真的吗？说出了什么词就表达了什么意思。

你使用的词语会向你的潜意识传递有力的信息，告诉你你是谁，你能够取得什么样的成就、创造出什么样的东西。

不久前，我在一个有全球媒体巨头之一的高管层参加的活动上做了一次领导力主题演讲。

两个非常体面的年轻人开车送我和我同行的队友一起去机场。

我们聊了一些关于美食、音乐和追求幸福的重要性之类的话题。

然后我问司机，他的抱负是什么。

他吐露了想移居加拿大的秘密愿望。

他分享说，他喜欢这个国家的优美环境、文明的公民和高效的基础设施。

“但我知道这是不可能的。”他一遍又一遍地重复着（从而强化了与不可能相关的神经回路，正如任何一个优秀的神经科学家都会告诉你的那样，脑细胞是相互连接在一起的）。

人们确实通过日常行为来揭示了他们最深刻的信念，并通过语言造成伤害。

这个年轻人的恐惧欺骗了他的欲望，他不忠的怀疑绑架了他值得信赖的梦想。

他从周围人那里吸取的错误假设、虚假障碍和不真实的世界观，让他像一个无力的受害者一样说话，也使他看到了一个本不存在的围栏。就像一只住在一个有一圈无形栅栏围绕的狗圈里的狗，即使栅栏被拆除了，狗仍不会跨过边界。

这个年轻人想象出了一个有门有路的封锁线。“给我们带来麻烦的往往不是我们所不知道的东西，而是我们自以为我们知道，实际却并不了解的东西。”艺人兼幽默作家威尔·罗杰斯机敏地说。

我很在意我说的话。我甚至不称秋天为“fall”，因为“fall”这个词在我的人生字典中有负面的含义。我很喜欢秋天，但对跌倒没什么兴趣。这些东西都是有害的，有时甚至很严重。

我记得读过一位读者的留言，他说他很渴望能够参加我主持的现场活动，但“因为我需要漂洋过海”，所以他无法参加。

难道他认为去那里的唯一方式就是在海里游上一个月的泳吗？

难道他觉得如今只有摇摇晃晃的小划艇才能横渡大洋吗？

难道在他看来参加这次聚会必须拥有埃德蒙·希拉里爵士一般的胆识和圣女贞德一样的勇气才行吗？

那位司机对于“不可能”这个词的痴迷（他真的一直在重复这句对自己的诅咒）显示了他僵化、病态的思维方式。然后，可悲的是，他自我设限的心理变成了一个不断自我实现的预言。如果我们不认为某件事是可能的，那么我们就不会去做，不会坚持不懈，也不会锻炼出让幻想成真所需要的耐心，最终事情就真的不会发生。这就又证实了这一切都是不可能的。

到目前为止，我的主题是要谨慎地选择用词，作为最大限度地发挥你的创造力、生产力和繁荣的一种方法。在10亿年内，我是决不会给这份激发我的精神、表达我的才能、为我的生活提供氧气、让我为其他人服务的工作，贴上“狗屎”的标签的。

我从不会称赞别人说他们看起来“恶心”。

我从不会贬低一个人来之不易的成就，说他们的成就是“疯了”。

当有人在公园外搞砸了演出时，我从不会说他们“毁了”它。

因为在我看来：“狗屎”“恶心”“疯了”“毁了”都是烂词，是不好的。

华丽的语言则具有超凡的魅力，所以，请好好锤炼你自己的语言艺术吧。

15

关于不屈不挠，罗琳教会了我什么

有关罗琳（J. K. Rowling）的一些事实：

“哈利·波特”系列小说的作者，该系列作品在全球畅销了5亿多部。

文学巨匠，第一位成为亿万富翁的女性小说家。

从贫穷的无名之辈成为富有的著名作家，现在还是一位著名的慈善家。

她父亲是一家劳斯莱斯工厂的飞机工程师，母亲在罗琳就读学校的化学系工作。

小时候，她“为书而活”，她形容自己那时是一个“满脸雀斑、戴着医保配发眼镜的普通书虫”。

六岁时，她写出了自己的第一本书；十一岁时，写出了她的第一部小说（一个关于七颗被诅咒的钻石的故事；我多希望我也能够变得如此富有想象力）。

罗琳是在一列从曼彻斯特开往伦敦国王十字车站的晚点火车上想出关于哈利·波特的系列故事的。实际上，七部书的灵感都是在那次旅行中产生的，都是顺着第一部书《哈利·波特与魔法石》的主题接着往下讲。在一次强烈的直觉冲击下，故事的主体在她脑海中浮现了，一言以蔽之就是：“不知道自己是巫师的男孩去上了魔法学校。”

她把这些记在了一张纸片上，最后装进行李箱里带走（没错，就是行李箱）。

《哈利·波特与魔法石》的大部分内容是在爱丁堡的尼科尔森咖啡店和大象屋咖啡馆里完成的，那时罗琳还只是一位领取福利救济的单身母亲。

在写作过程中，作者深爱的母亲去世了，她也因此陷入长期的低迷之中。但罗琳坚持继续创作，将情感上的黑暗化为创作的沃土，使她笔下的角色进一步丰富，更加令人难忘。（困难的确是创意成功的良师益友。）

在完成这部书后，她抽出其中的三个章节寄给了一连串知名的文学经纪人。只有一个人给了她回信。罗琳说："这是我一生中收到的最好的一封信。"

她被无数出版商拒绝，他们说这部书在商业上不会成功，年轻读者不会对它感兴趣。只有布卢姆斯伯里出版社（Bloomsbury）最终同意出版《哈利·波特与魔法石》，但要求琼·罗琳（Joan Rowling）（罗琳当时的名字）在她的首字母后面加一个"K"，因为他们认为一个明显的女性作者名字会让作为目标受众群体的年轻男孩望而却步。（"K"代表 Kathleen，是罗琳外祖母的名字。）

在跻身为有史以来作品最畅销的图书作家之一后，罗琳也没有到处炫耀、觉得自己"很优秀"。作为一名文艺工作者，她的目标始终是"要比过去写得更好"。

她以罗伯特·加尔布雷斯（Robert Galbraith）的笔名出版了一系列犯罪小说。在没有透露自己真实身份的情况下，她把这本书寄给了出版商考虑出版。在她收到的众多拒信中，有一封信甚至建议："参加作家小组或写作课程可能会对您有所帮助。"（还记得我之前告诉你的吗？某人的观点只是某人的观点而已。如果它对你的提升没有帮助，那就不要相信它。）

日本有句熟语为："七颠八起。"

罗琳就是这样生活的，这也成就了她的伟大。

16

像职业运动员一样保持健康

好的。这一章会有点儿长，但我保证值得一读。那么，让我们开始吧。

历史学家托马斯·富勒曾写道：“恶病缠身，方知健康珍贵。”

嗯，这话太对了，不是吗？

有一次我在卡塔尔向当地的 CEO 们做完演讲后，一位观众走近了我，递给我一张皱巴巴的纸条，让我在安静的时候读一下。那天晚上，我在酒店房间里，扫了一眼写在纸上的那些潦草的文字：

健康是健康者头上的桂冠，但只有病人才能看见。

英国政治家爱德华·斯坦利提醒我们：“那些不为锻炼花时间的人，终将为生病花时间。”

在我的 Icon X 项目和 The Circle of Legends 在线指导课程中，我为我的高级指导客户传授了很多东西，其中，没有什么习惯比我所说的“健康模式”更能改善你的表现、增添你的快乐。

许多个人发展领域的权威专家都在谈论“思维模式”（mindset），并宣扬“思维模式就是一切”的口号。出于对这些教育家的尊重，我采取了一种相反的方法来解决自我超越的问题。

是的，调整你的思维模式，以接纳更好的思维和精神架构，这对于优势领域的表现至关重要。你的日常行为确实反映了你内心深处的信念。你的收入和影响力永远不会超过你的自我认同和知识背景。所以思维模式很重要。这是绝对的。然而，这不代表思维模式就是一切。

作为人类，“心理”只是我们自身的一小部分。

我们还有第二个维度，我称之为“情感模式”（heartset），它反映了一个现实，即除了我们的心理，每个人还有情感。我们不仅拥有思考的能力，还拥有一种宝贵的感知能力。如果你只用头脑生活，那么你就永远不可能触及最高的智慧，体验隐藏的力量，取得惊人的成就，体验持续的感激、敬畏与惊奇。

是的，每个人在人生道路上不断前行的过程中总会遇到不幸，我们都会积累恐惧、愤怒、悲伤、失望、怨恨、羞耻和内疚的情绪。调整你的思维，但也请花时间净化你的情感，这样你的内心就不会受到这些被压抑的有害情绪影响。如果无法处理并治愈潜伏在你潜意识中的“损伤区域”，你会发现你的能量、创造力和生产力都将无法达到顶峰（理解这一点非常重要）。接下来，我将带您了解一些动态方法和转换策略，以清理这些无形的包袱。现在，你只需要明白，做一些努力来释放过去的情感创伤，对于提升你的表现是至关重要的。否则，你优秀的理智思维将永远被深藏在你健康模式之中的神秘阴影破坏。

我们在“思维模式”上努力，却忽视了我们的“情感模式”，这也是包括图书、数字化培训还有现场会议在内的大多数所学内容无法有效长期保持的主要原因。我们在认知层面上获得信息，但没有将其作为一种情感认知融入身体。所以这些知识也并不牢固。这意味着，由于我们“情感模式”的障碍，我们无法将这些想法转化为可以感知到的真实，以至于我们不好的习惯和受限的行为仍然存在。

好吧，作为人类，我们拥有“思维模式”和“情感模式”的内部领域。二者都需要得到持续的关注和培养，以得到外在世界中卓越的创造力、稀缺的生产力、非凡的繁荣，进而更好地服务社会。

然而，这并不是个人超越公式的终点。在我的指导课程中，还有两个内在的世界，当它们也被提升时，才完成了自我领导的程序。它们是“健康模式”和“灵魂模式”。请看下面的结构导图。

4 个内在的帝国

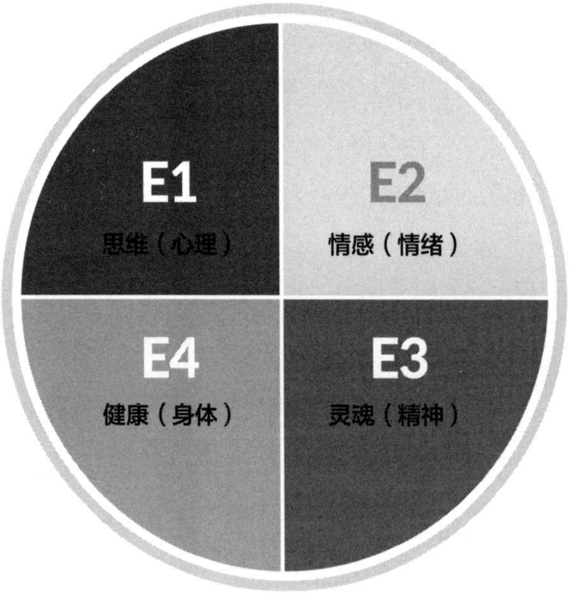

只有当所有这四个领域都被唤醒、得到改善，你才能展现你的天赋，展示你的尊贵，领导你的领域，体验一种罕见的充满积极、活力、奇迹和精神自由的生活。大多数试图了解你的崇高自我的尝试都失败了，其中最主要也是最重要的原因，是没有考虑这种逆向的方法，然后把它付诸实践。

在“思维模式”和“情感模式”之后是第三个内部领域。“健康模式”（healthset）是针对你的身体的。如果你生病或死亡了，你就改变不了世界了。我将在本章余下的内容里关注优化你的“健康模式”，包括提高你的体力，增强你的免疫力，减少炎症来战胜疾病，以及显著延长你的寿命。

最后：“灵魂模式”（soulset）要求与你的灵性对话，拥有无瑕智慧的你与你永恒灵性之间的关系是牢不可破的，是与全人类共同团结在一起的，是无限的。“灵魂模式”就是要减少自我的噪声，这样你才能听到在我们成长过程中积累的层层怀疑之下的最初英雄的低语，那才是真正的你。

我需要重复这一点，因为我想强调的是：只有当你每天都在努力发展四个内部领域时，你才能在创造力、生产力、繁荣和公共服务等外在领域获得指数级的增长。

有了上述非常重要却很少有人讨论的内容作为背景，让我们现在来通过优化你的“健康模式”，将重点放在守卫你最佳健康这一关键的优先事项上。

当你将你的身体状态提高到更高的层次，你将打造一个更强的大脑，增强专注力，激活非凡的耐力，意志力倍增，情绪鼓舞，降低慢性炎症诱发疾病的风险，睡得更好，活得更久。

当我的学员们将“健康模式”调整到了最高级别并获得了像专业运动员一样健康的身体时，他们认为“焕发活力的三位一体”（the trinity of radiant vitality）是最有价值的学习模型之一。

如你所见：“焕发活力的三位一体”中的第一个元素，鼓励你锻炼（理想情况下，每天早上）。为了成就你的伟大，你渴望成为一个永动机（perpetual movement machine，PPM）当然，除了 RRR［更新（renew），恢复（recover）和休息（rest）］时。锻炼的习惯会释放神经化学物质多巴胺，它会让你在这一天剩下的时间里都有强烈的灵感。就你的影响力、收入、作用和幸福感而言，这个因素本身对你来说价值几何？

起床后在跑步机上跑步、跳绳或骑自行车（这只是几个例子）时，出汗会释放脑源性神经因子（brain-derived neurotropic factor，BDNF），促进神经形成（新脑细胞的生成），修复过去因压力而受损的脑细胞。BDNF 还将通过增加神经通路之间的连接来提高大脑处理信息的速度，让你在建设我们的新世界中拥有巨大的优势。

晨练会进一步产生去甲肾上腺素，它能在这个充斥着数码产品的时代激发最高的注意力，还有血清素，它能缓解焦虑，最大限度地提高你的记忆力，让你感到放松。锻炼还会提高你的代谢率，让你充满能量。早晨充满活力地运动只是一个简单的习惯，却能够重塑你精彩的每一天。在太阳升起之前大汗淋漓是我生活的核心习惯之一。我真的希望你可以学习这一点，因为它对你生活的方方面面产生的影响都是革命性的。

焕发活力的三位一体

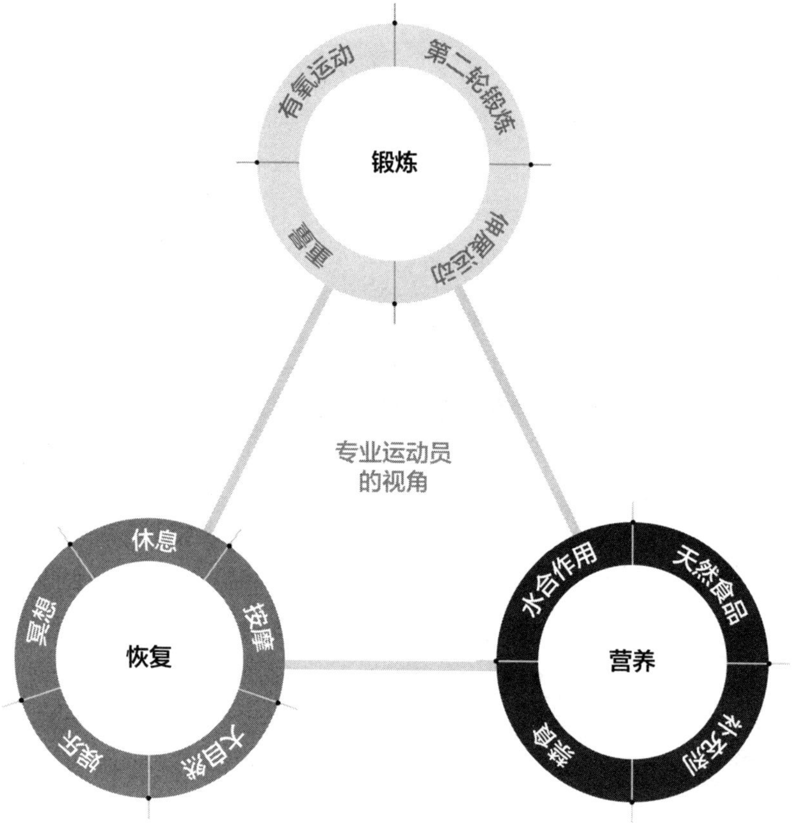

我还建议你在下午晚些时候或傍晚早些时候进行锻炼，我称之为“第二轮锻炼”，确保你在工作时间结束后安排第二轮锻炼，从而创造出更多能够带来身体健康的好处。如果你真的同意我的观点，认为锻炼是建立无与伦比的生产力、英雄般的产出和下意识的乐观主义的一个伟大的推动器，为什么你每天只锻炼一次呢？

例如，在一天的写作之后，我喜欢去我们家附近的森林里散步一个小时。日本人是森林浴的大师。通过在森林里散步或骑山地车的方式进行森林浴有很多好处，包括减少压力荷尔蒙皮质醇，显著增加自然杀手细胞

(natural killer cells)(一种身体的抗病毒因子)，增强认知功能和增强信心。进行第二轮锻炼期间，如我在森林中散步或骑车时，经常听有声书或播客来增加一两个小时的学习时间。教育是预防无意义杂事的疫苗。所以我非常认真地对待每天的成长。

为了升级你的"健康模式"，我也鼓励你平衡有氧运动和肌肉训练，以均衡你的力量；每天拉伸，以增加你的灵活性。你绝对不想让你的身体像一个僵硬的老人。

从本章的学习模型可以看出："焕发活力的三位一体"的第二个要素是营养。希腊医生希波克拉底曾建议："让食物成为你的良药。"你的营养计划是使你变得像职业运动员一样健康，并长期保持热情、精力、乐观和超高效的一大源泉。

尽可能多地吃天然食品而非加工食品，因为后者可能含有化学物质和其他有害成分，它们会降低你的表现，缩短你的寿命。我尽我所能吃有机食品，并努力支持我所在社区的当地农民。我还致力于提高我的烹饪技巧，这样我和家人就可以在家伴随着美妙的音乐和精彩的对话，一起享用健康、天然的食物。（我不太确定我还会写多少书，因为我有一个浪漫的梦想，在一个难以寻找的地方开一家有 11 个座位的餐厅，在那里我会用最新鲜的食材精心准备每一道菜，招待那些长途跋涉来看我的勇敢的人。也许未来的某一天我们可以共进晚餐。我很期待认识你。）

另一个重要的营养元素是补充剂。简单地说，让你的身体保持巅峰状态所需的一些营养物质不是仅从我们所吃的食物中就能够获得的。事实上，由于我们人类在地球上的所作所为，我们现在所吃的食物与十年前的相同食物相比已经大不相同，营养价值也远不如十年前的同类食物。所以你确实需要补充一些营养补充剂，来让你保持最佳状态。

我还必须分享，分析我的基因组改变了我的生活。我的基因学家带我了解了，我有哪些基因是次优的，通过表观遗传学（epigenetics）的力量（epi 的意思是“高于”，“genetics”的意思是“基因”，所以表观遗传学的研究就是通过改变你的生活习惯来使你超越基因的限定），我可以优化对我健康最有益的基因。补充补充剂，强化日常生活习惯，采取新的行为来让休眠的基因启动，让不理想的基因无法表达，这些都是使用“生物黑客”积极重新安排你基因命运的例子。你从父母那里遗传的基因并不能决定你的命运。你有更强大的力量来塑造你的基因组如何表达自己。

好吧。

我想提的关于营养的最后两件事是禁食和补水。我在这里提供给你的都不是医学建议，所以请和你的医生探讨这些新的健康模式。然而，我也将分享我个人的禁食经验，因为这种做法对我的工作效率和健康都有非常大的帮助。

在我写新书、巡回演讲或录制在线课程期间，我通常会在大多数工作时间禁食。在这段时间里，我的最后一顿饭是晚上 9 点左右，除了一杯上好的黑咖啡（咖啡富含抗氧化剂，是一种巨大的认知增强剂）、大量的水和新鲜的薄荷茶（有时会在里面放些有机生姜）之外，我不会吃任何东西，直到第二天下午 4 点或 5 点。

禁食的纪律让我保持深度专注、高度鼓舞和充满活力，让我完成了许多重要的事情。一些良好的研究发现，禁食会增加 BDNF 的产生，正如我所提到的，它能增强大脑功能。它还能减少神经退化，增强神经可塑性，从而提升学习能力，提高记忆力，降低血糖和胰岛素水平。在一项研究中，热量限制被证明可以使人体生长激素水平提高 300% 以上。研究进一步发现，即使一周只控制几次卡路里的摄入，也会激活基因表达（还记得表观遗传学吗？），这些基因会指示细胞保存资源，并将你的系统推向一种自噬状态，在这种状态下，你的身体会进入高速驱动状态，清除旧的、受损的细胞物质，并修复因压力而受损的细胞。

我也用禁食的仪式来帮助我在精神上进步。正如圣弗朗西斯·德·赛尔斯所写：

除了常规的功效，即禁食以提升思维、克制肉体、确认善良并获得天上的奖赏之外，它还是一大控制贪婪，使欲望和身体服从精神法规的利器；虽然我们所能做的不多，但敌人对那些他知道的能够做到禁食的人更加敬畏。

让我带着诚挚的敬意问你：如果我们连自己的饮食都控制不了，我们又怎么能希望控制自己的冲动，创造杰作，过上美好的生活，实现伟大的使命呢？

对我来说，禁食使我更现实，更有创造力，更强大，更能做接近我真正精神自我的困难事情。

哦，我每天也喝很多水，因为适当的补水可以改善线粒体功能，对增加你的能量至关重要。

“焕发活力的三位一体”的第三个也是最后一个要素是恢复。休息是精英产出者的秘密武器。恢复不是一种奢侈品，而是一种必需品和优先事项，这对于保持超过几年甚至几十年的世界一流的生产力非常重要。与我们文化的主流信念相反，花几个小时来恢复你耗尽的资源是一种不错的投资。冠军级的运动员们都有一个共同点：他们睡眠时间很长。

当我写到恢复对保护你的健康和身体具有巨大价值时，我指的不仅是良好的睡前习惯、健康的睡眠卫生、打盹和定期按摩。恢复有许多种形式：只要远离工作。真正的恢复需要大量的时间远离任何会引发焦虑的人、事、物。恢复可以包括阅读，与有趣的人交谈，欣赏一部伟大的电影，去健身房，旅行，和你爱的人出去吃饭。就我个人而言，我也通过参观美术馆、亲近大自然、保持良好的心态，以及包括冥想、想象、自我暗示和祈祷在内的清晨习惯，获得巨大的能量补充。

在商业中获胜最有力的方法之一就是比你的同行活得更久。这样你就有几十年的时间来提升你的手艺，打磨你的作品。积累财富最聪明的方法之一就是延长你的赚钱年限。这样你就有更多的时间让复利这种非凡的东西发挥它的魔力。要体验真正自主、幸福的生活，最聪明的方法之一就是确保你的生命足够漫长。始终如一地坚守“焕发活力的三位一体”将确保这一结果。所以请像职业运动员一样守卫自己的健康。

博学者、人道主义者阿尔贝特·施韦泽说：“幸福不外乎就是好身体和坏记性。”

我确信他是对的。

17

我的四个巧克力牛角面包之夜

所以……

我不想让你们误解，觉得我是因为每天锻炼、健康饮食、坚持禁食、利用表观遗传学的“生物黑客”技术，以至于我从来没有跌倒过，也没有自我治愈过。其实不是这样的，我不是什么大师，也有着常人人性的优缺点。

大约2500年前，亚里士多德阐述过一个“中庸之道”，它指出，美德行为需要一个人行走在禁欲和放纵之间的中间地带。在过度和匮乏之间，要找到适度。避免在生活中的任何方面成为极端主义者。

这里有一条值得谨记的格言：限制会激发你的“瘾”。

这使我不得不坦白。

不久前的一天晚上，在我开始动笔写这本书，已经写了几个月后，我觉得应该犒劳一下自己。因为我花了好几个月的时间每天天没亮就起床，为高效工作做好准备，并延长了禁食时间，以使思路更加清晰、使我的注意力能全部集中在这个项目上，所以我决定给自己一个我一直强烈渴望的安慰。

所以我点了一些新鲜的意大利面。然后用它做了我一道最喜欢的菜：柠檬通心粉。配料有意大利面、特级初榨橄榄油、佩科里诺奶酪、一些黑胡椒、柠檬皮和柠檬汁，还有一点薄荷，用以增加一点点甜味（并为外观增添一丝色彩）。

多么美味啊！它安抚了我的胃，更抚慰了我的灵魂。趁没人注意的时候，我还给通心粉唱了一首甜蜜的小情歌。是的，我很迷恋意大利面。

并且，在对碳水的迷恋下，我不得不继续吃下去……

我用爱心做的柠檬通心粉

随后，我又点了一份带有三种奶酪和超厚面饼的比萨，它看起来好像有乞力马扎罗山那么大。

最后，我又点了四个（没错，四个）由美妙、神圣、奢华、优雅、超凡的黄油制作的新鲜出炉的意大利牛角面包，里面有巧克力，叫作“巧克力萨科蒂尼”（其实我对它们并不是很感兴趣）。

当街上没有人注意的时候，我把它们一个个都吃了。我一边走路，一边在脸上洋溢出体育场般宽阔的微笑。

我说过我不是什么大师吧？我也有着人性的优点和缺点。

我对这种危险的“过度”确实有些看法。

明智的做法是：凡事都应适度，包括“适度”本身。（感谢奥斯卡·王尔德的提醒，他曾说过：“除了诱惑，我什么都能抵挡。”）

我想说的是：在这个只要我们不是完美、成功、每天进行 83 次高级表演练习（每一次练习都有清单记录我们的执行情况），就会让我们感到内疚、受伤害和被贬低的文明中，也许，只是也许，我们应该与平衡和平相处。接受亚里士多德的“中间道路”，在合适的时候去拥抱这个特殊世界的乐趣。人生短暂，不能像机器一样死板，对吧？

这让我想起了那些死于心脏病的马拉松运动员，还有那些每天晚上喝两杯格拉巴酒（grappa）却长命百岁的老奶奶们。我有时会想，做一些让你快乐的事情（比如一顿“欺骗餐”）所产生的积极神经化学反应，是否比超人般严格、紧张的生活要好得多，后者可能会产生更多的皮质醇，而皮质醇会在我们长寿的同时腐蚀我们的活力。

我做得太过火了，因为我对自己要求太高了。如果能够在这个项目紧张的几个月里，少一点限制，多一点放松，或许在那个温暖的夏日傍晚，我就会只吃一小盘意大利面，再或是一两片薄比萨，以及三个以下的巧克力牛角面包。

18

掌控意外变化的一种逆向哲学

二十多年来，我一直在同一片森林里漫步。

在我人生旅途中的积极时期，这些树林为我提供了一个场所，使我能够更新创造力，补充能量，恢复宁静。

在那些我经历困难、悲剧与荒芜的时期，这片森林可以说是成了一个修道院——一个我自身成长和稳步转变的静修所。

一群活泼的鸭子栖息在森林的一个小池塘里，旁边就是一条小径，小径上立着一块牌子，上面写着一些文字，在迷茫中给予我指引。

以下是其中最重要的部分：

森林会通过风、火、虫、病等一系列自然干扰来完成自我更新。这些干扰会创造出一片片的枯木，而枯木之中又会生长出新的森林。

你看，自然的本质便是永恒的变化。有时，我们所立足的基础必须先崩塌，而后才能被更坚固之物代替。突破需要毁灭。进步离不开剧变，而更好事物的诞生总是伴随着熟悉事物的消亡。不适的干扰不仅对你的发展是必要的，而且对你的生存也是必要的。就像森林的牌子上所写的一样。

在外行人眼里，混乱被认为是糟糕的、错误的。我们总希望事情能回到其原本的样子。如此我们便能感到心安。然而，成长带来的不适感总要好过幻觉中的安全感。真的。对于那些一心要成为“平凡英雄”的人来说，袖手旁观是一种极其有害的行为。

你作为一位领袖的进步、作为一个个体的优化，都是建立在历经困难的基础上的。最简单的事情往往就是最没用的事情。持久的转变只会在狂风暴雨中产生，而非在安逸的日子里。

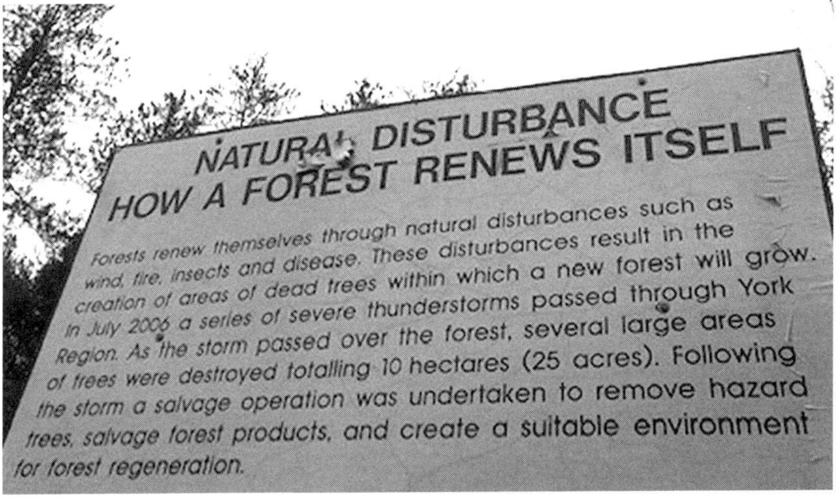

森林修道院的标牌

伟大的圣人、贤哲和宗师们都明白，觉醒之路的主旨，就是站在生活所带来的混乱之中，却仍能保持满足、勇敢、宁静和自由。泰山崩于前而色不变。打造一个强大而又灵活的内心，以致外部的任何东西都动摇不了它的根基。想象一下这种场景：营造一种优雅、宁静、感恩的内心生活，而不论外部发生了什么。你的力量不是靠尘世的稳定，而是靠你最原始的英雄情怀。

当你放弃阻止个人生活、职业生涯和外部环境的变化，积极拥抱命运带来的新环境时，你就会发现，任何波动其实都是一种巨大的祝福；是世界早已规划好的一首高歌猛进的交响乐中不可或缺的音符；是一块精心设计的成长与进化的垫脚石，将使你成为真正胜利所需的那种领导者、产出者、战士及有爱心的公民。

飞行员兼作家理查德·巴赫曾写道："毛毛虫眼中的世界末日，我们称之为破茧成蝶。"

或正如著名哲学家尼采所观察到的那样："世人必须在自身中留有混沌，以便能生出舞蹈的星。"

19

你绝对绰绰有余

埃莉诺·罗斯福说过："攀比是偷走快乐的窃贼。"

我们确实生活在攀比的文化之中，不是吗？

我们为工作上的成就感到快乐，直到团队中的其他人比自己获得了更多的认可。

我们对自己的恋人感到满意，直到看到了其他人的恋人更好。

我们在经济上感到满足，直到我们看到这样的照片：其他人在游艇上晒着日光浴，随心所欲地乘坐私人飞机，在豪宅后院的花园里嗅闻玫瑰。

我们对自己的外表很有自信，直到我们看到照片中另一个人更苗条的身材和模特般的脸。

我自己的大部分情感治疗都围绕着学会知足。学会满足于我的身份、我的生活方式和我所拥有的一切。不要拿自己的生活和别人的生活做比较（我还发现："别人的生活"往往都是精心设计出来的，其目的是推销一个品牌或推广一种产品）。

我还知道，世界上没有多余的人。

我们每个人都有自己的价值，每个人都很重要。其他人银行账户里的金额或房子面积的大小并不意味着他们就比你强，或比你更重要。

为什么我们荼毒心灵的社会会规定大亨比劳工更有价值？或者一个国家领导人应该被认为比一位教师、一个急救人员、一名三明治厨师更有权力？我真的不明白，百思不得其解。

金钱只是衡量成功的众多标准之一，只是财富的众多形式之一。这世上还有很多其他形式的财富，你知道吗？比如做一个善良的人，做一份让你满意的工作，拥有充实的家庭生活，有一群能使你充满感激和希望的朋友。许多人痴迷于投资的财务回报，不幸的是，他们忽视了品质投资回报、幸福投资回报和精神投资回报的价值。

我必须告诉你，从我为无数行业领袖、亿万富翁和娱乐巨头做顾问的经验来看，他们中的许多人都拥有你无法想象的巨额资产，然而他们却充满忧虑、烦恼、悲伤，满腹焦虑。太多的钱可能会引来难题、困境，甚至是彻底的痛苦。就我个人而言，我更看重内心的自由，而非金钱的收益。

想想，一个富有的人……

总是守时，举止优雅，始终考虑他人的需要和感受，爱护环境。

以高度的热情、高尚的道德和卓越的表现投身于工作，为自己平凡的工作而感到无比自豪。

即使在恶劣的条件下也能表现出积极的一面，发现身边最美好的事物，并对他们所拥有的一切充满感激。

这样的人难道不是我们社会的英雄吗？难道不是超越的典范、非凡的代表吗？

守护你的专长，赞美你的美德，感激你的善良。向你曾经所经历过的一切致敬，也向你未来终将拥有的辉煌致敬。

不要妄自菲薄！

永远要记住，地球上没有和你一模一样的人。一个都没有。

自人类诞生以来，只出现过一个独一无二的你。多么令人惊讶，不是吗？

只有一个你——你的指纹，你的天赋，你的雄心壮志，你说话、工作、走路和爱的方式，都是独一无二的。天啊，你简直太棒了！

是的，你所消费的媒体可能会给你发一些火辣身材的照片和明星开着豪车的视频。但这并不意味着你不出众。因为你就是那个绝对独一无二的存在。虽然我相信让你生活的方方面面变得更好非常重要，但也请你每一天都牢记这点：现在的你已经绰绰有余。

所以，请允许我恭敬地建议你，给自己一些夸奖、赞美和鼓励，就像你一直期待外界给予你的一样。

让你成为自己的头号啦啦队长、最好的支持者及最忠实的粉丝。

20

初学者的激活声明

我为你准备了一段话，供你在清晨趁着周围寂静时朗读，这样你就可以在一天中最安静的时段，激发出最耀眼的火花、发挥出最惊人的才能。当全世界都尚在沉睡之时，你将有机会成就一个重大的胜利：与最纯粹的自己交往，培养你蛰伏的力量，并牢记，在接下来的几个小时里，你要坚持什么。

在日出之时，一切都尚在静止，在一整天的喧嚣开始之前，你可以找到自己的另一面，它没有被过去的挫折伤害，它拒绝被消极和失败征服，它希望能够以一种与众不同的方式存在。

在黎明时分大声朗读这篇宣言，重塑你的意识和潜意识，摆脱那些让你变得愈发渺小和恐惧的错误信念。塑造日常英雄主义的思想和情感，并重新设计你的行为方式。

献给你：

今天是一个祝福，我会尊重、珍惜并充分利用。明天只是一个概念，而今天才是现实，所以我选择要优雅、耐心、完美地生活。

在接下来的日子里，我会以一个领导者而非一个受害者的姿态出现；以一个创始者而非模仿者的姿态出现；以一个有远见的人而非一个随波逐流者的姿态出现。

今天，我选择特立独行，而非普普通通；我选择勇敢，而非胆怯；我将以我自己独特的方式成为英雄，而不是用责备、抱怨和借口来放弃我强大的自身力量。

不安全感、温顺及害怕被拒绝不会影响我的工作效率，也不会妨碍我的自我提升，更不会破坏我尊重他人并为他人创造价值的能力。

这一天，我会花时间进行反思和深思，抵制一切浪费时间的行为，活在当下，在忠于我的最高理想的同时，进行能够展现自己高超的劳动技巧。

今天，我要信守对自己的每一个承诺，捍卫我的希望，养成最好的习惯，完成那些能够让我内心欢腾的事情。我曾有许多梦想，而如今我再也不会轻视自己、将它们埋藏心底。

在接下来的几个小时里，我将非常自律，极其专注，绝对不会把瞎忙活和完成重大任务混为一谈。

如果我需要休息，我不会认为这是一种浪费，因为我明白，如果没有适当的放松和恢复，一流的表现非但不会持久，反而会使我的天赋退化。

今天，我不会抛开一个伟大的见解，而不采取任何行动来实现它。我知道,只有想法而不去执行是傻瓜的把戏。让梦想成真才是一种伟大的自爱行为。

今天，我要比昨天更勇敢、更乐观、更善良。我明白，真正伟大的人物就是那些能使别人也能感到他们自己很伟大的人。等到我弥留之际再回首，我人生中最重要的，应当的是我所激励的人们，我所给予的关怀，以及我所展现出的慷慨。

所以……

面对任何喋喋不休的质疑，我将推进我最能一鸣惊人的项目，创作出最经得起时间考验的巍峨作品。因为我知道挫折是停滞的产物，稳步的进步才能证明我的才华。

不管过去的挑战如何，我都将迈出我的下一步。

尽管曾有过自我怀疑，我还是会继续攀登我最向往的顶峰。

我更像个实干家而非空谈家，更像个传递者而非半吊子，更像个专业人士而非业余爱好者。

我知道“九层之台，起于累土”。所以我开始了。保持专注，脚踏实地，集中注意力。连续工作，不受打扰。

在这样做的过程中，不管结果如何，我都已经取得了重大胜利，因为我已经战胜了阴暗面的自己，还有那曾经束缚我的软弱。

当我继续朝着我的最高理想稳步推进时，这些小小的胜利会让我更加深刻地认识到真实和强大的自己，并使我与最辉煌的自我之间，一度受损的关系重新焕发光彩。

21

戴着酷酷棒球帽的大胡子男人

在写这一章文字的时候，我正身处罗马。不久后，我将前往瑞典，向当地的商界领袖做一场演讲。

两天前，我在迪拜向400名高管做了一场领导力演讲。我知道这看起来不像我的风格，事实上，在我人生的这一阶段，我希望少去游走，多提升自己的厨艺，多地过上一种作家的生活。正因如此，我才更加珍惜目前在舞台上的时光。

昨天，在迪拜巨大的机场里，我碰巧和一个男人同乘一部电梯，他戴着一顶我认为很精巧的帽子。当我还是个孩子的时候，有一段时间我曾很喜欢骑越野摩托车，而他帽子上的标志正是一个很酷的越野摩托车品牌标识。

我犹豫着要不要恭维他，但又害怕被否定。（哦，我们错过的欢乐和失去的奇迹都被困在害怕不受他人欢迎的恐惧中！我将在下一章中，讲述一个我与好莱坞明星擦身而过的故事，以及我所失去的机会。）

但我随后意识到，错过这一次，我可能就再也没有机会欣赏这位先生的棒球帽了。所以我做了我真正想做的事。就算我看起来很傻，可那又怎样？人生最大的冒险就是不去冒险，对吧？

“我喜欢你的帽子。”我说，但我不确定会得到一个怎样的回答。

令人惊讶的是，他毫不犹豫地摘下了帽子，并对我说：“那就送给你吧。”

如果在过去，出于礼貌（以及周围的不安全感），我会拒绝这份礼物。

但这次我采取了正确的做法。（我偶尔也会把事情做对。）我真诚地接受了他这个不同寻常的好意。

他笑了，那是一个非常慷慨的微笑。见证这一切是非常可爱的，真的。

离开电梯时，我让他等一下。

我打开随身行李箱，拿出了一本崭新的《凌晨 5 点俱乐部》。我经常带几本这部已经改变了许多人人生的书，送给那些热情服务的空乘人员、真正关心他人的酒店客房服务人员，以及分享美好故事的出租车司机。这次，这本书显然注定是为他准备的。

和我在迪拜国际机场的新朋友在一起（是的，他曾经心爱的帽子，当时戴在我的头上）

我把他的名字穆罕默德写在上面，并写了一些对他的美好祝愿，然后轻轻地把书递给了他。

他笑容满面，灿烂极了。

我附上这张照片，只是为了分享那个周日下午在拥挤的机场里，发生在两个陌生人之间的奇妙事情。

正如你所知，现今世界上正上演着大量负面的、有害的、彻头彻尾的悲剧。看着这个世界上的不公正、卑鄙、粗鲁、贪婪和仇恨，我痛心疾首。

但我也很清楚……

我也见过如此多的平凡英雄表现得如此得体。

跨越这么多不同的国家，如此多不同的人群展现出的善良让我一再地感动落泪。

我见过许多智者自然而然地做出高尚的行为，即使这些行为对他们自己没有任何好处，这些都深刻地鼓舞了我的内心。

这位先生有力地展示了仁爱的含义——向陌生人表示善意，友善、善良、无私。

贵格会传教士埃蒂安·德·格雷莱曾写道："我们有义务为他人着想，我只经历这世间一次。所以，我若能施什么恩，行什么好事，就应立刻去做，不容忽视，不可迟延，因为我都不会再有第二次机会了。"

宣称自己支持慷慨和善良的美德很容易。然而，真正能够引领一个人生活的是做我们认为正确的事情。这是最高层次的英雄主义壮举。

我现在还时不时戴着那顶帽子，提醒我自己想成为一个什么样的人，也为了纪念我那位在迪拜国际机场结识的大胡子朋友。

22

与更强的老师一起学习

我跟一位体格健壮的教练上动感单车课。她骑得狠，动作快，带动我们班上所有人发挥出最佳水平。

几年前，当我第一次开始上她早课的时候，我完全跟不上她的节奏。

我甚至产生了自我怀疑，不知道这项运动是否适合我（我甚至想过放弃）。

我无法跟上骑行节奏，也不能坚持频率。（看着我尴尬地挣扎，你肯定也会感到尴尬的，相信我。）

在一个学员个个都像一流运动员的班级里，我显得格格不入，只能笨拙地完成礼貌而又严厉的教练要求我们做的每个动作。

然而，你现在觉得容易的事情，曾经都感到过困难，对吧？

连续与坚持，是超越之母，不是吗？

是坚忍不拔孕育了成就传奇所需的长期坚守。

于是，我收起了我的骄傲，穿上自行车鞋，面对极度的尴尬、疲惫和明显的平庸，在一节又一节的课堂上挥汗如雨，继续骑行。

然而，当我继续坚持下去的时候，一些意想不到的奇妙事情，一些不同寻常的鼓舞人心的事情，一些甚至真的很美好的事情（至少在我疲惫的眼睛里，真的很美好），都一件件地开始发生了。

在这位强健教练的课堂上，我渐渐地开始感觉舒适了。在我踩单车的日子里，我在每天下午 5 点感觉到的“崩溃”，其实也并没有那么令人疲惫。我在单车上变得不那么笨拙了，在课堂上变得愈发灵活了，在那个充满蜡烛的幽暗房间里变得更加勇敢了。

渐渐地，几个月过去了，我骑得越来越快。我开始能跟上节奏。我开始感到快乐，乐在其中。

我分享这段故事，想要告诉大家的是：我们最能提升自我的时候，并非是我们试图一天建成罗马的时候，而是在我们稳步不断地取得小胜利的时候，这些小胜利会提醒我们回忆起那些曾经遗失的力量，并重新唤醒我们沉睡的能量。

步履蹒跚，然而只要一贯、规律地坚持，总会胜过那些虎头蛇尾、半途而废和三分钟热度的人。

还要知道，你在某一方面的进步也会给你生活的其他方面都带来进步。因为你做一件事的方式也会影响你做其他事情的方式。

请牢记，非凡的眷顾总是降临到那些对自己的承诺表现出超凡忠诚的人身上。

故事越来越精彩。

在一个阳光明媚的周六早晨，在我为了写作而订了 13 天的翠贝卡的酒店房间里，我为你写下这些文字。

为远离那些经常侵入我生活的要求、琐事和干扰，我去了那家常去的健身房，去上动感单车课。

我不太确定我是否能跟上那位体态轻盈、轮廓分明、身材健美、看起来像流行歌星的教练，以及房间里那些看起来像卫冕健身冠军的学员。

我感到紧张、不自信、没有安全感。就像我第一次体验这项运动时一样。

然后音乐开始响起，老师踩着踏板，蜡烛闪烁着，我也跟着开始了。

随着课程的进行，我开始努力骑行；随着时间的推移，我变得更加强壮；随着每一首歌的播放，我感到愈发快乐。

今早早些时候，我在自行车上摇摆，我的肉体挥洒汗水，感觉我的灵魂都在翱翔，这是前所未有的。

多亏了我家乡那位超级教练的训练，实话实说，这门课现在对我来说变得轻而易举。令人愉悦、相当轻松。

我们人类是一种令人惊叹的生物，完全是为了适应、发展和进步而设计的。

你，我，还有我们所有在世间的兄弟姐妹，都有一种天生的能力，去尝试，去坚持，去挑战，去超越。

在这段旅程中，我们得以一瞥真实的自己。这就是我们如何与成长之神同行，如何与自我的天使共舞。我们必须始终朝着那些令我们恐惧的追求前进，因为我们的天赋在此。

让我来问你一件事：你上一次尝试新事物是什么时候？

如果那已经过去很久了，你还在等待什么？

曾经的你，并不能限制今日的你所能成就的一切。所以尝试一些新的事物吧，这会推动你的成长。

要记得找一位出色的教练来为你指路领航。

23

危险就是危险

我儿子 25 岁生日时，我们计划去洛杉矶欢度长周末，洛杉矶是一个我非常喜欢的城市。

我们会去看道奇队的比赛。（我不太喜欢棒球，但我儿子喜欢，我真的很爱我儿子。）

我们会去吃美味的寿司。

我们会在圣莫尼卡的码头漫步。

我们会在威尼斯的海滩占卜。

在他到来之前，我已经在洛杉矶待了几天，因为我要在媒体上露面，还要参加一些商务会议。

他到达酒店后不久，我们就去了一家著名但简约的意大利餐厅。很棒的氛围，友善的朋友，还有非常美味的黑椒奶酪意面。

我们的主菜还没上，两个穿着讲究的男人就走进了餐厅，恰巧坐在我们旁边。

我打了声招呼，然后我们开始谈论时事、最喜欢的城市，以及我们对世界发展的见解。

有一次，当话题转到人际关系时，我们的一位新朋友说了一句非常有见地的话，我认为这句话值得与你分享，他说的是：

“危险就是危险。”

嗯嗯嗯。

我花了 50 多年的时间才学会这一点，而且是以很艰难的方式才领悟到的。

“当有人向你展示他们是谁时，请相信他们。”著名诗人玛雅·安吉洛（Maya Angelou）说。

有句名言说得好：“被骗一次，其错在人；被骗两次，其错在己。”

听着，你我都是善良、诚信、正派和体贴的人。正因我们都是这样的人，我们也会觉得在商业和个人生活中，与我们打交道的每个人都会以同样的方式行事。但事实并非如此。人类认知的一个主要缺陷，就是认为你自己看待世界的方式就是其他人看待世界的方式。

如果你只以一种你愿望中他人的样子来看待他人，而非以残酷的诚实，迫使自己看清他们原本的样子，你就必然会陷入一个陷阱，为自己招来一堆麻烦，甚至可能要很多年才能从中抽身。

自欺欺人会使你损失惨重。欺骗自己，因为你想要使自己相信，你已经找到你一直渴望找到的那种员工、朋友、爱人，但这最终会让你心碎，破坏你的幸福，打破你内心的平和（这是最昂贵的代价）。如果你对此不加以警觉，这种负面影响可能会持续终生。

听着，我是一个永远的希望主义者。自然而然地，我只寻找人的优点。德国诗人约翰·冯·歌德写道："对待别人时，要好像他们已经成为他们本应当成为的人一样，这样，你就会帮助他们成为他们能够成为的人。"

很多年以来，我一直尽我最大的努力来践行他的箴言。人们确实会为了达到你对他们的期望而不断提升自己的。常常这样。

但也并非次次如此。

我们中的一些人曾被严重地伤害过。他们被残酷的事件伤害，被可怕的悲剧伤害，被意外的背叛伤害，这不是他们自己的错。

他们值得我们理解、同情和祝福。

然而，这并不意味着让他们成为你的商业伙伴、朋友或配偶，以免损害你的自身利益。因为那些受过严重伤害的人通常也会伤害他人，那些经历过剧痛的人也可能会给你带来剧痛。

这样的人几乎肯定会破坏你的创造力，降低你的生产力，消耗你的精力。

因为他们无法改变自己。对你来说，希望危险变成绿灯只是痴心妄想，甚至可以说，相当愚蠢。

当然，你也可以一直看他们最好的一面并关爱他们。但这些在远处做就可以了。能够长期成功的人只看中事实，即使在事实让他们失望时，也同样如此。

24

创意史上篇幅最短的一章

学徒问师傅："完成一项杰作，需要多长时间？"

"需要多久就多久，"师傅简短地回答道，"不要停止，直到它变为奇迹，否则你还不如不开始。"

动手制作你的杰作远非易事。

它需要你在这个过程中培养出极大的耐心，深入挖掘，发掘出你的伟大，直面你心中的恶龙。

然而，如果你能够继续坚持下去，你就将改头换面、焕然一新。

在这个过程中获得的自信、专业知识和自尊感将伴随你一生。

25

规则破坏者假说

过于在乎逻辑会让你深陷其中，逻辑是一个会对你施加限制，妨碍你的天赋自由发挥的东西。所有的杰作都是在狂热的放任中创造出来的，而非源于冷酷的理性。你应该专注于想要展现出“什么”和“如何”把它展现出来。

过分追求完美是创造力的大敌。走这种路线永远也无法向人类提供出任何令人惊讶的优秀作品。

太过在意别人对你有远见的事业（让你精力充沛的事业）的看法，会导致你无法完成任何重要的事情。

我真正想告诉你的是，艺术、创造力和你的承诺都要求你激发出自身叛逆的本性，不要再做理智的忠犬，对你的思维发起反叛。你崇高的灵魂呼吁你激活心中异乎寻常的一面，而当你心灵的海盗船上挂起了古怪的旗帜时，就意味着你注定要成为杰克·史派罗般的船长，将在自身无限潜力的汪洋中长帆远航。

成为革命者。发起你的运动，反对一切常规、无聊和没有吸引力的东西。面对在被日常生活的压力和琐事所桎梏起来的创造性，从其裂缝中开始你的入侵。

打破你所从事的行业所教给你的规则，这才是通往卓越的唯一道路。从人群中分离出来，远离乌合之众。你作为变革领袖的声誉，你作为运动发起者的命运，以及你所追求的快乐和道德力，都取决于此。

拒绝平庸，永远都是。当你创作出让你灵魂欢腾的杰作时，你会让我们疲惫的世界变得更有活力，更加可爱。这一举动，才是精神上的明智之举。

当然，当你展现出这一面的时候，你可能会被误解、不被欣赏、被批评，甚至会因为公然展示真实的才华而遭到谩骂。当这种情况发生时，请记住温斯顿·丘吉尔的一句箴言："如果你对每一条吠叫的狗都停下来扔石头，你将永远不会到达自己的目的地。"

当我想起富有创造力的超级明星时，脑海中浮现出了哥白尼、威廉·莎士比亚、可可·香奈儿、华特·迪士尼、赫迪·拉马尔、菲利普·斯塔克、让－米歇尔·巴斯奎特和萨尔瓦多·达利的名字。

当我想到那些极具创造力的杰出人物和行业颠覆者时，我想起了……

迈尔斯·戴维斯起初模仿他的偶像查理·帕克和艾灵顿公爵，直到他有了驾驭自己风格的能力（更重要的是，有了信心），并创造了自己独特的小号手风格。

在亚历山大·麦昆时装秀上，超级名模沙洛姆·哈洛打破常规，走下T台，用一系列喷漆机喷涂服装，创造出了迷人的设计。观众给了她雷鸣般的掌声。这条裙子现在已经成为一个传奇。

约翰内斯·古腾堡的印刷机从根本上改变了世界，使思想得以通过书籍传播。在此之前，人们普遍认为，出版大量的出版物，供多数人阅读是绝不可能的。

英国艺术家达米恩·赫斯特令人难忘的代表作《生者对死者无动于衷》，展示了一条悬浮在甲醛罐中的被杀死的凶猛虎鲨。这只生物是由一名受雇的渔民在澳大利亚昆士兰海岸捕获的。他受雇时得到的唯一指示就是：抓住一条"大到可以吃掉你"的鲨鱼。

所有真正具有灵感的艺术作品，都是在挑战设想，推动可能性，并允许你我成为那种我们私下渴望成为的：创造性领域的"法外狂徒"，这些都始于我们对现实的先驱性认知。

我坚定的信念是：指数级的创造力，需要不同寻常，并要求我们脱离"普通人群"。

要实现你最初的天赋，你就必须看到存在于"正常"这一枷锁背后的机会。

为了主宰你的领域，创造出烈焰般的作品，你就必须尊重你的陌生感，坚定地打破你的老师给你的传统，这对于成功至关重要。

为了展现你丰富的想象力，发挥出你的才能，你必须成为一个反对现状的积极分子，跳到创造性的轨道上运作，调整你所在领域旧有的规则，将你对一个更有趣未来的、神秘、神奇、神迹般的愿景，塑入其中。

这让我想起了我在西班牙巡回演讲期间，去参观了达利在卡达克斯小渔村的一所古怪房子，我在里面读到了这样一句话："我不明白，为什么当我在餐馆点烤龙虾时，从来没有人给我端上一份煮好的电话。"

就是这样。

在达利的一个工作室里

伟大的大师的画笔

26

像斯威夫特一样勇敢

没有高度的自信，你就永远不会有将无声幻想转变为日常现实的决心，以及在面对困难时仍能保持崇高热情所需的勇气。相信我，这是真的。

这让我想起了好莱坞的超级经纪人欧文·“斯威夫特”·拉扎尔（Irwin “Swifty” Lazar）。

他刚出道时，有一次，他和一位他希望能够代理的小明星一起外出吃饭。

席间，他意外在洗手间偶遇了著名歌手弗兰克·辛纳屈（Frank Sinatra），他兴奋地告诉辛纳屈，自己是他的忠实粉丝。但这位歌手当时正红极一时，只想将斯威夫特赶走。但斯威夫特这个年轻人“胆大妄为”（chutzpah，这是一个意第绪语单词），他坚持想要和辛纳屈聊一聊，想要建立真正的联系。

最终，辛纳屈放松了警惕，渐渐对这个新认识的经纪人产生了好感。

“你能到我们这桌来，跟我们大家打个招呼吗？”斯威夫特礼貌地问。

“我不能。我想跟我的朋友们在一起。”辛纳屈说。

“如果你能来打个招呼，我一定会很感激的，辛纳屈先生，”斯威夫特接着说：“这对我来说意义重大。你也一定会很高兴见到我的朋友们的。”

沉默良久，然后辛纳屈说：“好吧。给我 30 分钟。”

果然，大约 30 分钟后，在众目睽睽之下，著名的弗兰克·辛纳屈穿过满是名人、政界领袖和商业大亨的烛光餐桌，径直走向斯威夫特·拉扎尔的座位。

他拍了拍这位新朋友的肩膀，露出灿烂的微笑，大声说：“嗨，斯威夫特！”

年轻人抬起头，立刻回答说：“现在不行，弗兰克。”

同桌的小明星对此印象深刻，当晚就与斯威夫特签约。因其勇敢，斯威夫特·拉扎尔足以在历史上留名。

27

一位叫作“创伤”的老师

苦难是一所学校，创伤是一位老师。

那些为我们展示世界是如何运转的人告诉我们，创伤是破碎、受损和失败的领域。

他们说，创伤只与那些生活在战争地区或经历过随机暴力行为的人有关，也只与那些小时候遭受过性侵、殴打或突然失去所爱的人有关。

但事实并非如此。（没有人是破碎的；我们每个人都曾受过伤，只不过程度不同。）

当我为你们写下这重要的一节时，我真正想要告诉你们的是……

每个人都会经历创伤。

事实是，只要你活着，你就在积累创伤，因为这是我们生命过程中不可避免的结果。

是的，我们中的一些人比其他人承受了更重的打击，也经历过我上面列出的悲惨事件。这些人经历了我在指导方法中所说的“大创伤”，非常严重，伤得很深，而且很难从中走出。

我们当中其他同样善良的人，则更容易面对一些“小创伤”，如被一名愤怒的司机吼了一声、或者与配偶吵了一架，再或是把一笔生意输给了一个实力并不相当的竞争对手。

但事实仍是，没有人能够从中抽身（吉姆·莫里森的歌词）。

好的，让我们再深入一点。

创伤不是一个肮脏的词，也无须避免在时髦的鸡尾酒会和礼貌谈话中使用。

不是，根本不是。

创伤是我最好的老师。它使我能够在逆境中优雅地前行，帮助我重获曾被遗忘的创造力，并将其融入我的技艺，使我变得更加亲和、谦逊，也拆除了曾守护我敏感心灵的盾牌。

如果没有命运在我人生道路上精心安排的艰难时刻，我就不可能成为如今的创造者、父亲、合伙人、兄弟和儿子。我向你保证，如果你利用你积累的创伤来促进自身的艺术进步、情感成长和精神自由，它将是你最好的学院。创伤是为支持、帮助你而生的，而非为你的失败、痛苦而生。

学习如何进行治愈工作来释放被压抑的感觉，处理你过去伤口所积蓄的痛苦，这绝对会释放你最特殊的力量、最伟大的天赋和最聪慧的自我。这种净化你情感模式的深刻实践也是一种自爱的崇高行为。因为你正在让自己变得更健康、快乐和自由。

释放和转移过去的创伤并非弱者的消遣。这当然不是不靠谱、无关紧要、浪费时间的。相反，实际上，这正是聪明的勇士和真正的世界建设者的追求。这样做是确保你的余生能够成功、快乐、平和的最佳方法。

处理你深藏的伤痛、化解你被压抑的情绪是非常实际的，并且与达到世界一流级别的生活水准息息相关，这样的生活会使你能够翱翔其中，服务他人，并知晓自己最强大的力量。这是一份能够促进你进步，最大化你的表现、增进你乐观感的工作。它真的能够做到，即使看上去不会。

深度的情绪清理练习会让你更有创造力，因为创伤会改变你的大脑，你可以通过你曾经的创伤来优化你的认知。很有趣，对吧？困难事件的压力会进入你的潜意识，造成主要的感知障碍，阻碍神经递质（如多巴胺和血清素）的充分释放，而这些神经递质又是达到技艺巅峰所必需的；这种压力实际上还会削弱大脑左右半球之间理想状态的连接。释放这些过去一直沉重地压在你的脖子上的痛苦、愤怒、悲伤、内疚、羞愧和遗憾，能够使你开始逐渐唤醒曾经隐藏在你视野之外的可能性。

情感模式的治疗也能保证使你释放出最大的活力。紧握着创伤不放，会消耗你的大量能量和天赋灵感。忽视我所说的“累积的创伤”的后果之一就是，你几乎生活在一种被劫持的边缘的状态之中，只知底层生存逻辑的大脑边缘系统垄断了你的思维，让你进入一种“战斗、逃跑或僵住”的模式。你失去了理性处理任何威胁（无论是真实存在的威胁，还是脑中感知的威胁）的能力，因为你的前额叶皮层（高级思维的发源地）已被杏仁核接管，而杏仁核则是大脑中进化程度较低、较为原始的部分。

肾上腺素和皮质醇等压力激素被释放，恐惧、焦虑和愤怒等情绪被点燃。请注意，当旧伤口被激活时，过去遭受的伤害越严重，现在的反应就会越强烈。你可以通过反应的激烈程度来判断自己（或他人）创伤的大小。如果这种反应程度是歇斯底里的，那么这种创伤可能会是永久性的。

为打翻的牛奶而大发脾气的配偶，已经退化成了小孩，并且生活在过去令人窒息的痛苦之中。欺压员工、妨碍商业伙伴的老板只是暴露了自己的沉重包袱。那些因为觉得你挡了他们的路而停下车并威胁要打一架的司机，是受到我之前所提到的、由所有无形创伤组成“创伤领域”的驱使，这些人允许那些创伤留在他们的核心，由此形成了这些后果。

有一次，我乘飞机时坐在一位高管旁边，他让我从我购买的座位上挪开，他说他更喜欢那个位置。当我回答我并不想换座位时，他就开始踢我的公文包，还威胁着陆后会“好好照顾我”，这就是他未能克服和放下情感伤害的结果。治愈你的情感创伤将确保你不再去欺凌那些从未欺凌过你的人，不再去伤害那些从未伤害过你的人。

无论是治愈你的“小创伤”还是“大创伤”，都会极大地提高你的健康质量。创伤和日常的压力会改变你的思维系统，使你的生活方式默认以危机为导向，这反过来又会降低你的免疫力，增加炎症，使你更容易受到糖尿病、心脏病、中风和癌症等致命疾病的影响。处理你的情感痛苦，重组你的情感模式，减少毒素的产生及生产更多有益的神经化学物质，这将改善你的身体，延长你的寿命。

当你优化你的情感生活时，你会清晰地发现，你的幸福感、感恩感，以及你感受而非理性思考生活奇迹的能力，都有了显著提升。创伤会使一个人的灵魂与他们的身体分离，使他们自身仅能够作为一个智能机器来运行生活。在我自己开始做这项治愈工作之前，我面对日出的景象和华丽的艺术品时，也只会去用冰冷的理性思考它，而非用心去感受它。重新激活你的情感模式，去激活你的“感觉”，我保证，这会是一种完全不同的生存方式。

你会开始用你炽热的心去追求那些心灵擅长的事情。你将打开心扉，充分体验生活中的一切快乐。

我真正想建议的是，将创伤雪藏会导致人们断绝与他们情感活力之间的亲密关系，并退回到他们冰冷的头脑中。这是出于一种保护。作为一种创伤反应，我们会逃避自己的感受，因为我们不想让当前的事件勾起过去的痛苦记忆。

所以我们搞出了一系列的迂回和逃避行为，如过度工作、吸毒或酗酒，网瘾和沉迷于社交媒体，用以躲避我们的情绪。我们开始以寻求关注者而非传奇工作者的身份生活。我们想知道为什么我们从来没有感受过那种强烈的幸福感，那种我们听闻本应是人生道路中必不可少一部分的那种强烈的幸福感。

许多人在遇到困难或悲剧后，都会患上创伤后应激障碍（post-traumatic stress，PTS）。然而，如果我们运用我们的智慧，做出艰难的抉择，我们每个人都有能力利用挫折来实现个人转变。苦难与挣扎实际上可以用于创伤后成长（post-traumatic growth，PTG）。看看那些伟人们。那些纳尔逊·曼德拉们、特雷莎修女们、圣雄甘地们，还有马丁·路德·金们。这些高尚的灵魂们都有一个共同点：他们遭受了比常人更多的苦难，但他们没有让苦难把他们撕碎，而是利用苦难来重塑自身、建设自身，去铭记他们最崇高的道德美德和最伟大的精神功绩，去将毁灭性的痛苦转化为不寻常的力量。

在即将到来的一节中，我将引导你通过一些策略和工具来释放受困的情绪，这样你就可以激活内心的无限天赋，解放你的伟大自身。

现在，请简单地记住，创伤，如果加以明智地利用，就可以成为通往最真实、最富有创造力和最英勇的自我的大门。所以，请把“创伤”看作一位老师吧。

28

激励他人者的准则

一个真实的故事……

从前有一家咖啡店，被一位非常优秀的经理管理着。

她真心实意地关心顾客。

她愉快而又礼貌地与遇到的每一个人打招呼。

她确保提供的商品都是社区中最好的，价格公平合理，她手下的员工也都很友善。

经理最喜欢的顾客是一位退休老教师，八十多岁了，每次出现在咖啡馆里仍都是衣冠齐楚，看起来十分优雅。

每天早上，她都会牵着她丈夫的手一起去咖啡馆，夫妻二人十分恩爱。

他们会小心翼翼地穿过咖啡馆，走向柜台，总是照例点两样相同的东西：两杯咖啡和一小块糕点，再要两把叉子一起吃。

然后再走向他们常坐的那张桌子，一起唠唠嗑，进行对话。

因为……

商务是一种对话。失去与你的同伴、客户和供应商的对话，你就会失掉你的生意。

美好的家庭生活也是一种对话，如果你因为把太多时间都花在打游戏、看电视或者不停工作上，你就有可能会失去家庭。

在日常生活中做一位英雄，首先要和自己对话，谈一谈你想要成为什么样的人，你能够承诺为这个世界做些什么。失去与自己最好一面的对话，你就会失去与最真实自我的亲密关系。

回到刚才咖啡馆的话题吧。

一天，经理突然注意到，她最喜欢的那位客户不再来咖啡馆了。她变得非常担心，因为她是真心实意地在乎客人们。

几周后，她在银行排除办理业务的队伍里看到了那位老妇人，但她看起来已经不是原来穿着漂亮、神情放松的样子了。

不是了。

相反，她现在看起来蓬头垢面，神情中流露出困惑与恐惧。

“出什么事了？”经理上前问道。

“是我丈夫，他几周前因严重的中风，去世了。我不知道该做什么，也不知道该去哪里，我不知道自己还能不能撑过去。”

经理停顿了一下。然后用温柔的声音说：“你为什么不回到咖啡馆呢？好好地喝杯咖啡。我知道这会让你感觉好些。”

“但我又该跟谁一起喝呢？”老妇人声音颤抖地问道。

“我跟你一起喝，”经理说，“这是我的荣幸。”

于是这两个人，在这个明显需要更多人性关怀的世界里，一起走回咖啡馆，照例点了两杯咖啡、一份糕点和两把叉子。

两个人坐下来，一起唠唠嗑，对话沟通。

玛雅·安吉洛曾经写过这样一句话：“人们可能会忘记你说过的话，也可能会忘记你做过的事，但没有人会忘记你带给他们的感受。”

所以要激励他人。永远都不要贬低他人。

帮助需要帮助的人。如果你没有什么好话要对别人说，那就什么都别说。礼貌友善地对待所有人。我知道这听起来很老派，却在很多方面都很值得学习。

让你遇到的每一个人都比你刚见到他们时更好、感觉更强大。这是一个很棒的生活方式，也是一个指导生活的绝佳准则。

29

成为“世界一流”征途中的七大威胁

我将向你介绍七个主要的威胁，这些威胁会阻止你成为潜在的传奇缔造者、领袖、企业家、运动员和社会运动家。本章也是本书最有价值的一章。

以下准则的出发点是：“超越”的真正目标不是达到传奇，而是保持传奇。

那些真正的平凡英雄的主要目标不仅仅是创造条件以实现最崇高的目标，还要在接下来的日子里保持并进一步改善这种理想状态。

如果你能达到世界一流的水准，那就太棒了。无论如何，主要的焦点的确都应该在于先达到一流。在不断优化的精通和铁一般的长寿之间保持平衡，你才能成为偶像。没有什么比你的同行，更能让你在自己的领域保持领先地位，更能让你变得不可战胜、变得更有用的了。

那么，你如何才能将你的卓越保护好，让它持续下去呢？很简单：敏锐地意识到成为“世界一流”征途中的七大威胁。有了这种对于你即将面对的陷阱的新意识，你就可以积极地选择强化自己来抵御它们。

看一下这个学习框架：

成为世界级征途上的七大威胁

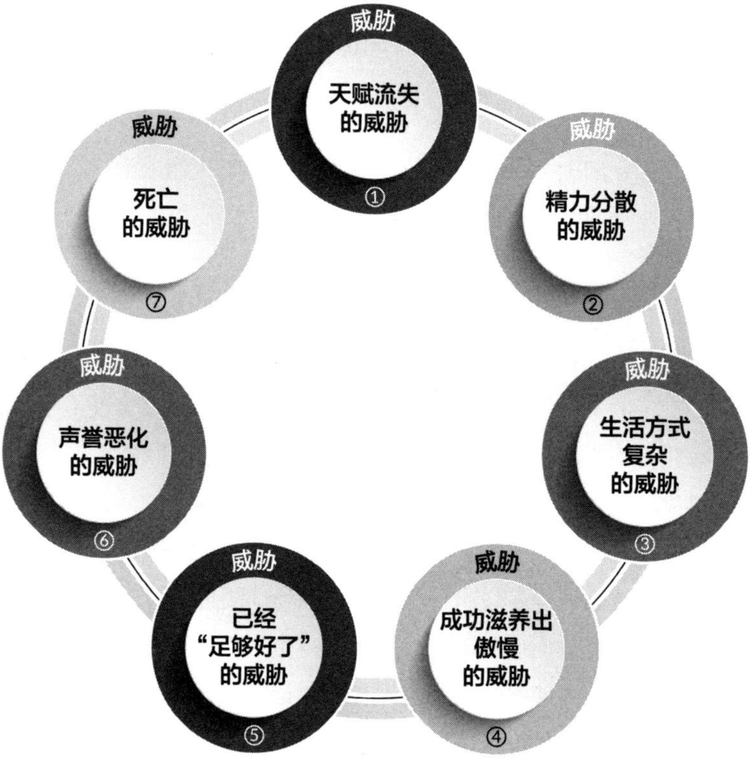

在超过 25 年的时间里，我帮助过许多世界顶级的企业家、金融家、职业运动员和电影明星，使他们不仅成了自身领域的佼佼者，更使他们长期保持了在相关领域的领先地位。基于此，我将你在成为领域霸主征途中所面临的威胁，拆解为以下七个方面。

威胁 1　天赋流失的威胁

我的天，这项威胁简直是天才的毁灭者。想想看，拥有全球唱片销量冠军的音乐巨匠，或是获得过奥斯卡奖的演员。他们能达成这些成就的确令人震惊。但大多数情况下，即使他们达到了顶峰，那些使他们达到顶峰的技艺也会开始萎缩。获得世界最佳表现和产出所需的高强度让他们筋疲力尽。所有的聚光灯、掌声和奉承都在使他们退步，并且常常渴望“远离这一切”。

许多超级明星都在其名望达到顶峰时，从公众视野中隐退（有的会消失数年）。他们不再关心自己技艺的提升。他们不再将时间投入到日常的练习。那些能够使他们发挥出最优秀的天赋、锻炼出最高超技艺的内心之火消散了。因为成为“世界一流”征途中所需要的强度和要求，以及超级其他明星的经历，已经耗尽了他们全部的精力。

威胁 2　精力分散的威胁

名声、财富和巨大的影响力会带来许多意想不到的危险，你最好在取得这些成就之前就保护好自己。（当我与出名的客户进行一对一指导时，或在我的“传奇圈”（Circle of Legends）在线指导课程中，我提供了一个示范工作表，让这些领袖能够在“世界一流”的运作中克服他们的“威胁与弱点”，并且做好“支撑与保护”。我在本章的末尾给了你完整的工作表，所以你可以自己进行这些能够使你强大的练习。）

当你达到了普通人难以企及的高度时，你就将遭受嫉妒的批评家和愤怒的网评者疯狂的攻击，他们看到你达到这样的高度就会奋身而起。你的成功激起了他们因自身潜力无法发挥而导致的痛苦，激发了他们对自身梦想无法实现而产生的自我厌恶。如果你不加以小心，这些人可能会偷走你的能量。

同样，当你提升时，你将收到大量、更多的邀请，邀请你去那些追求非凡的机会（这并非是出于势利）。你会吸引许多新朋友，他们想和你在一起，只是因为被看到和你在一起是一件很酷的事。你可能会面临来自贪图你钱财的商业伙伴的诉讼，以及因为你花了太多时间在实现你迷人的抱负上，而忽视了生活的其他部分，从而引起的一些关系上的其他纠纷。

我的很多客户都遇到过这种情况。所以我提醒你要更加注意防范这些。

在处理这些事情的时候，想象一下，那些致使你成就伟大的“创造、生产和表现的能量”发生了什么变化？在登上你个人的巅峰之前，请仔细考虑一下你将如何管理这一切。

威胁 3　生活方式复杂的威胁

与威胁 2 息息相关的，是任何世界一流的产出者，实际都不得不面对一种复杂的生活方式。你看，当一位超级巨星还是一个无名小卒时，通常都会有一种异常纯粹的专注；刚开始创业的企业家几乎只专注于扩大他们的业务；还没有成为冠军的职业运动员，每天的时间几乎全在训练、吃饭、接受指导和睡觉上。在还没有锻炼出炉火纯青的技艺和受到众人吹捧前的才华横溢的音乐家，也只是住在一间简朴的单间公寓里，吃着拉面，通宵工作，最终创造出了那些吸引了数百万粉丝的杰作。

然而，一旦一家公司成为上市的独角兽公司（创始人因此成为亿万富翁），运动员依靠他们的能力成为明星，音乐家的天赋使他们在全球引起轰动，一切就都变得复杂起来了。买房、买车、买私人飞机旅行以及雇用经理、保安和其他员工组成的随行团队（需要为每个人支付报酬）造成了大量的资金流动，但这一切都建立在一个错误的假设之上，即他们当下的成功会维持很久。

有时甚至会导致许多曾经成功的人走向破产。

我必须再重复一遍，因为这非常重要：成为超级巨星最大的陷阱之一就是相信“一次成功，终生成功”。那么多的一线明星达到了事业的顶峰，并幻想着他们当下身处顶峰，他们就永远都不会从顶峰跌落。他们陷入了心理陷阱，认为他们现在赢了，以后就会一直赢下去；因为他们现在能卖出去大量的专辑，他们就觉得自己以后也可以卖出很多专辑；因为他们现在创造了大量的收入，他们就觉得自己以后也会有很多收入。以至于他们开始不再追求进步，不再储蓄，不再早起，不再锻炼，不再追求卓越的生活。然而这些都必然会导致灾难的产生。

威胁 4　成功滋养出傲慢的威胁

我见过的那些曾与我共事的杰出人物，最常犯的错误大概就是变得愈发傲慢。严重的自我膨胀是世界一流领袖最大的职业危害，无论他们是在商业、体育、艺术和科学还是政治领域工作。

在我看来，财富、杰出成就和身边的人，都在告诉你，你做出了非凡的事，你的自我也会因此被喂养到一种傲慢的地步。“傲慢”的定义就是过度的骄傲和夸大的自信。大多数成功的公司所犯的错误中都包括狂妄自大。他们忘记了客户才是他们真正的老板，并忽视了这样的一个事实：如果他们停止创新，停止发挥最大的效益，停止取悦那些作为他们衣食父母的顾客；如果他们更关心以自己企业的名字命名一座大楼，而非满足客户的需求，他们就无法竞争过其他对手，从而导致该企业走向没落与平庸。

同样的事情也会发生在那些行业领军者和体育冠军身上。他们爱上了他们的胜利，并认为，因为在他们取得重大胜利的那个晚上，喷洒的香槟落在了他们的头上，明年的冠军戒指就也已经戴在了他们的手指上。他们开始减少训练，对粉丝粗鲁无礼，与同伴打架，酗酒，暴饮暴食，赌博无度，再也无法专注于提升为他们赢得冠军的天赋。他们失去了我在指导课程中所说的“蓝领思维模式”和让他们成为大师的“学徒心态”。（在写这章的时候，我想起了 NBA 总冠军球队的队长。他并没有像许多球星那样在夏季休息，而是在胜利的第二天早上 5 点就出现在球场上开始训练，继续开启变得更强的新征程。）

威胁 5　已经“足够好了”的威胁

所以，要想登上顶峰，你就必须去做那些几乎没人做的事。（还记得我脑海中的座右铭吗：要拥有只有 5% 的人才能拥有的东西，你就必须去做那些 95% 的人不愿做的事情。）非常努力地工作（非凡的工作热情强于天赋），大量的牺牲（如果你热爱工作，就不会觉得这是一种牺牲），养成卓越的习惯，应对诋毁的人，不断地寻找问题的解决方案，这些都是你必须付出的代价，由此才能进入宁静（且空旷）的领域主导的大厅。

当然，回报会让一切都变得值得。当然，成为“世界一流”的征途和实现你的英雄理想会使你成为一个比钻石矿中所有宝石加在一起都更有价值的人。然而，当你接近成功的顶峰时，你将面临的另一个主要威胁是，你会开始应付、糊弄、不够努力。我保证你一定会遇到这种现象。你所取得的成就比你认识的其他人都多。你已经取得了超乎想象的惊人成就。在你的技艺、收入、生活方式和影响力方面，你几乎是不可撼动的。你会被单纯地享受劳动果实的诱惑吸引。你会寻求在一年的大部分时间里打更多的高尔夫球或旅行，或者满足于你现在的表现水平。你甚至会让“引退”这个致命的念头进入你的规划之中。（请永远不要“引退”，我恳求你。它只会让你变老，使你的光芒暗淡。）

听着，如果你在你最强大的时候有这样的想法和感受，我无所谓。这是你自己的生活。事实上，一条道路并不一定就比另一条更好。但接受已经“足够好了”的成绩并不能让你保持大师的水准。也就是说，你不可能这样成为传奇人物。事实就是如此。

威胁 6　声誉恶化的威胁

当你到达你所在领域的顶峰时，人们会试图把你拉下来。嫉妒的竞争对手会把你当成靶子，诋毁者会因为你做了他们没能做到的事情而生气，并制造理由来抨击你，攻击者也会突然冒出来。你要为此做好准备。要知道，这一切不是因为你做错了什么。这更加表明你做的每件事都是对的。只是要知道，心怀恶意的人很有可能会试图贬低你来之不易的声誉，诋毁你好不容易赢得的名声。

我提醒你最好为这种威胁做好准备，这样你就可以在适当的地方做好防护。因为假如你失去了声誉，你就失去了你最重要的资产之一。这里要考虑的另一种情况是，由于你目前的成功，你的自我会阻碍你做出更好的判断，你会做一些实际上很愚蠢的事情。这会毁了你的崇高地位。

再说一次，仔细考虑这些问题，你就可以避开这些陷阱，我曾目睹了许多优秀的人掉入这些陷阱。

威胁 7　死亡的威胁

我们早晚都会死。问题的关键在于你应尽可能地将其推迟。想象一下，将延长寿命的最新科学突破与久经实践考验的好习惯结合起来，如早起锻炼、每日冥想、适度受冻、桑拿和光疗、森林浴、间歇性禁食、按摩理疗、针灸和营养补充，以保护你的健康，从而通过表观遗传学的转化力量，重新调整你寿命的长度，让你有更多年的时间来提升你的技艺，增加你的财富，服务社会，享受你在取得巨大成功的过程中所获得的个人回报。

好吧。这就是保持所在领域主导地位的主要危险。我邀请你再读一遍“成为‘世界一流’征途中的七大威胁”，然后拆解出那些适用于你的框架。在我自己的自我发展战略研讨会上，我经常思考我希望的未来 50 年应如何发展，然后在白板上对所有的细节进行逆向设计，直到今天。

30

准备好“不被感激”

请不要说我愤世嫉俗，但我确实已经在精神上准备好“不被感激”了。

在诺曼·文森特·皮尔（Norman Vincent Peale）有关积极思考的经典著作《积极思考的力量》（*The Power of Positive Thinking*）中，这位始终乐观的牧师鼓励我们要“准备好不被感激”。

我的理解是，他的意思是，大多数人其实不会真正感激你的善良和温柔。这不是人类的天性（最起码在我们物种进化的当前阶段不是）。那么，为什么要为了寄希望于得到感激，而失去内心的平静和宝贵的创造力呢？

换个说法就是：不要成为一个“不应得之物”的收集者。这种看待世界的方式会将你击垮、把你撕碎。

要接受这样一个事实：大多数人其实都在在意那些他们没有得到的东西，而非你已经给予他们的东西；要记住你还没有为他们做过什么，而不是你在他们身上已经慷慨付出了什么。

记住，别人缺乏感激、礼貌、风度、同情心或公平感，真的与你无关，一切都是他们自己的问题。人们都是在以对待自己的方式对待他人。所以为什么你要觉得这与你有关呢？

只要忠于你自己的道德天性。向其他人展示出你积极、诚实、善良、卓越、谦逊、宽仁和尊重的美德。但要清楚地认识到，很少有人会承认你正直和清白的品格。

但无论如何，要行善、要善良。

31

那次，我独自一人在山顶

我不会去故意编造那些生活中没有发生过的事。

当我和你分享这个故事时，我猜到你可能会笑话我，但如果我的故事有助于你提升自我，找到你的最佳状态，那对我来说就是值得的。

所以……

当我 40 多岁的时候，我有了成为一名专业滑雪教练的想法。我一直非常喜欢高山，一想到能够熟练地运用技巧，从这些高山上飞驰而下，就激动万分。

为了实现这一远大目标，我报名参加了由一位优秀教练指导的每周一次的课程，并非常努力地学习，提高自己的水平。虽然进展缓慢，但我仍在稳定进步。

两年的课程结束后，我又在滑雪坡的认证课上度过了寒冷的一周，并最终获得了一级专业滑雪教练的资质，有了这项资质，我就可以指导初学者了。我仍然记得那天我去领取我的滑雪教练制服（蓝色的夹克，黑色的雪裤！）时的场景。我是带着我亲爱的孩子们一起去的。当我们拿着我的教练制服离开时，我情不自禁地开始手舞足蹈。是的，我当时真的手舞足蹈了。

尽管我仍然有大量的国际演讲的日程安排，但我还是在本地的滑雪场找到了一份最低工资的工作。每隔几天，当我无须坐飞机长途跋涉地出差工作时，我就会在凌晨 4 点准时起床，驱车两个小时（常常是在暴风雪中），帮助小孩子们学习滑雪。那是我一生中最美好的时光之一。

大约在那个时候，我决定一个人去国外旅行，提升我在高山滑雪方面的技术。于是我收拾好行李，坐上飞机，飞往一个遥远的地方，那里有我从未见过的高耸山峰。

每天早上，我都会跳上一辆套着防滑链的公共汽车，它会蜿蜒前行，穿过数个小村庄，然后沿着狭窄而危险的、冰雪覆盖下的道路，到达一座巍峨雪山的山脚下。

我拿到滑雪教练制服的场景

每天晚上，小睡过后，我都会安静地继续写书（那本书名是《没有头衔的领袖》），随后，独自一人在简朴的厨房里用新鲜的食材做一顿简单的饭，然后在室外的星空下，坐在一张饱经风霜的椅子上享用它。

大约一周后，我的一个朋友邀请我和他一起去参加直升机滑雪（heli-ski）。你可能不熟悉这个术语，它其实就是字面意思：你爬上一架直升机，然后飞过一群山峰，直到到达山顶，再从山顶滑雪下去。这是一种留给行家的挑战。如果走错一步，很容易就会丧命。

等到了我们预定好的那天，直升机在明媚的阳光和蔚蓝的天空中起飞。当我们翻过一座又一座山时，我的心跳开始加快。一滴滴的汗珠凝结在我头盔遮蔽下的脸上，我的护目镜开始起雾。飞机降落在一座巨峰的最高点。我和其他四位滑雪者跳进了刚下过的新雪中。然后直升机就飞走了。

你不会相信接下来都发生了什么……

其他的滑雪者都是相当专业的。他们也默认我与他们水平相当。但我太自负了，不敢表露出我的恐惧；也太尴尬了，不敢解释我相对他们而言技术水平很一般。事情就是这样的：由于我一直都在本地的一座小山坡上训练（是的，那只是一个小山坡而不是一座真正的高山），我在普通的雪地上是一个相当熟练的滑雪者。但在巨大山峦上柔软、汹涌的粉末状细雪上进行滑雪，却是一种完全不同的体验。这就类似于在社区的浅水游泳池里成为一名优秀的游泳者，和在真正海洋中进行高强度的耐力游泳之间的区别。我从来没有在这样的条件下滑过雪。从来没有。

向导先走，以确保其他人的安全，防止我们遇到雪崩。

接下来是我的朋友和他的妻子，他们显然都是这项运动的高手。我听见他们在初雪上踩出新的脚印时，发出了孩子般的欢声笑语。

接着，一位年轻但经验丰富的专业滑雪运动员出发了。他差不多有30岁了。但看到他滑雪的样子，只让我觉得自己像一位90岁的老人。

只剩下我一个人，在一座高得惊人的山顶，看着脚下我从来没有滑过的粉末状细雪。我只能为自己的生命祈祷，想念着我的孩子们，然后擦去我闪亮额头上密集的汗水。

这张照片是在其他人比我先下去之前拍的，这样你会对我的经历有一点，哪怕是最微小的感受。

我发现，生活有时（总是）会给你精心设计出这样的场景，教会你最需要学习的课程，让你的成长达到下一个阶段。还记得我之前说过的吗？挫折永远不会为你的失败而生，每件事都是对你有益的（即使看起来不像这样）。

我还知道：当我们最接近恐惧时，我们才最有活力。站在不确定能否渡过难关的疑虑面前，我们被迫发掘出了自己从未意识到过的天赋。一旦我们与这些特殊的力量取得联系，我们就可以在余生中继续与它们共处。从而最终知晓我们人类潜能的伟大。

所以……

我硬着头皮，恐惧地倾身向前，腿抖得像地震时的茶杯，嘴巴比阿拉伯半岛的空旷沙漠还干。

我不骗你，我倒退回到用“雪犁滑雪”姿势开滑的地步，那一般都是刚开始滑雪的初学者用的第一个姿势。但那会让我更有安全感。

接下来发生的事情更加糟糕。我从一座高山上滑下去，蜷缩在我的滑雪板上，几乎失去平衡，扯着嗓子大喊“妈妈”。

（好吧，除了我扯着嗓子喊妈妈的那部分是假的；其他的都是真的。我保证。）

当然，我最终还是安全滑到了山底。

我的同伴都被我吓傻了，吓得根本说不出话来。他们对我竟能够喊得如此大声深表同情。

在乘直升机返回航空站的途中，回想起这次经历，我仍很高兴自己答应来参与了。因为真正的失败在于连尝试都不敢。况且，作为人类的一分子，当我们在艰难的山路上冒险，而非在轻松的斜坡上飘荡时，我们会变得更加强大。的确，没有挑战性的小径看起来要安全得多。但实际上却更加凶险，因为它们的舒适扼杀了我们真正的勇敢、活力和伟大。

我得到了一个机会，我也尽了自己的最大努力。这件事让我看起来很傻，但我的智慧、韧性和敏锐都有所增长。随后，我回到了自己的公寓。

正好，还可以赶上在星空下吃一顿晚餐。

32

巅峰生产力的策略金字塔

公开声明：这一章只针对重量级选手和正在成长中的大师。如果你没有兴趣成为其中的一员，那就不必费力看了，你可以直接进入下一章。但如果你有兴趣，那太好了，请撸起袖子，集中注意力，努力消化你即将学到的内容。因为它将非常有价值。

我即将分享的学习框架将为你提供一个高超的战术，它能够使你极大地提高生产力，甚至足以使你载入史册。

在这个电子成瘾严重、充斥着肤浅干扰和琐碎线上娱乐的时代，了解行业巨头和艺术家是如何保护他们的精湛技艺，从而成为始终如一的杰作生产者，比以往任何时候都更有必要。

从做“虚假的工作”到做“真正的工作”已经够有挑战性了。你现在已经知道不要把忙碌和高效混为一谈是多么重要。但更难的是，要定期在能够代表天才级高质量的领域进行耕耘，并且几十年如一日，一直坚持下去。（我把这种做法称为“多杰作产出者”，这也是一个鉴定“荣誉”的绝佳标准。）

在带你领略这一系统之前，我希望先介绍一些背景，并引出“三位一体的高效原则”。

原则 1　认知带宽需要一个堡垒

“认知带宽”是普林斯顿大学心理学家埃尔达·沙菲尔（Eldar Shafir）创造的一个术语，用以描述人类大脑每天可用的注意力是有限的。例如，他的研究发现，面对贫困的人经历了一个“隧道效应”，他们的担忧和压力消耗掉了他们大部分的认知力量，只剩下很少的认知力来完成其他任务。

反过来，这又会导致他们更少地发挥出自身天赋和聪明才智（解决问题、抓住机会、充分地发挥自身内在的全部生产力，从而使自己发展、丰富）。忧虑、危机和悲剧，以及把注意力集中在数字化娱乐的逃避现实上，耗尽了我们的认知带宽，让我们无法集中精力和天赋去完成非凡的壮举。

原则 2 为了实现超越，必须管理注意力残留

与认知带宽密切相关的是由明尼苏达大学商学院教授索菲·勒罗伊首先提出的“注意力残留”现象。从本质上讲，注意力残留是指当你从一个活动转移到另一个活动时，你在原本活动上残留下的注意力分子。你所做的每一个动作都伴随着创造性的成本。例如，经常查看电子设备的人很快就会患上“数码痴呆症”，因为每次他们查看一条信息或寻找一个“点赞”时，他们都会把宝贵的认知带宽的一小部分用于这项活动。每天都这样做（很多人都如此），你就会把碎片化注意力障碍作为你的一种日常生活方式。你就永远都做不出什么了不起的事情了。

原则 3 生产力需要定期更新

“生产力衰竭”是我的教练课程中的一个短语，它解释了那些优秀表现者在长时间高强度的工作下会发生什么。具体来说，当你提高你的工作效率和专业技能时，你会经常经历智力、情感、身体和精神的周期性疲劳。这种疲倦并不是哪里出了问题的标志，而是一个信号，表明你做的每件事都是正确的。当你带着燃烧的激情和炽热的承诺去成就杰作时，你通常会筋疲力尽，因为你已经完全充分利用了你的能力、天赋和天资。这将导致生产力的枯竭。解决方案是什么呢？是定期休息和补充能量。著名心理学家卡尔·荣格写道：“一种特殊的能力意味着在某个特定的方向上花费大量的精力，继而使得在生活的其他方面精力不足。”

好了，让我们一起来学习“巅峰生产力的策略金字塔”。

巅峰生产力的策略金字塔

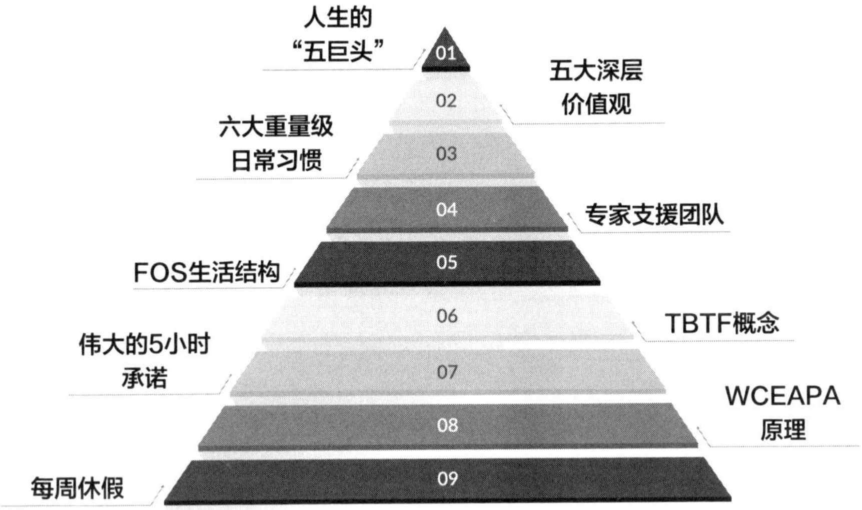

策略1 人生的“五巨头”

许多年前，当我第一次去南非旅行时（我真的非常喜欢南非），我的学员为我组织了一次游猎旅行。随同我们一起的导游谈到了“五巨头”，即非洲所有野生动物中最强大的五种动物。它们是狮子、豹子、野牛、犀牛和大象。

那天晚上，在稀树草原上度过了难忘的一天后，我拿出我的日记，记下并解构了我有幸经历的这一天。然后，我问了自己这个举一反三的问题：“我的‘五巨头’是什么？”换句话说，哪五个优先事项是我需要用我的整个余生去追求的？

从那天晚上起，我就一直生活在这五个主要的指向标下，从那时起：

“人生五巨头”的想法极大地提高了我的工作效率。清晰地孕育了“超越”。你永远不可能击中连你自己都不知道的高价值目标。记下你接下来要实现的五个核心目标，让你的每小时、每天、每星期、每月、每季度和每年都专注于这五个核心目标，守护你的认知带宽，并极大地节约你的精力。

出类拔萃的基础是把你的天赋只用在少数几件事情上，这样你才能对这些事情达到精通。我一直很喜欢杰出发明家托马斯·爱迪生的以下建议：

你整天都在不停地做事情，不是吗？每个人都是如此。如果你 7 点起床，11 点睡觉，你就投入了 16 个小时在做事情。对大多数人来说，他们一直在做一些事情。他们不是在走路，就是在读书、在写作或是在思考。唯一的问题是，他们在很多事情上都花时间，而我只把时间花在一件事上。如果他们把时间都用在一个方向、一个目标上，他们就会成功。

策略 2　五大深层价值观

我知道这似乎是显而易见的，但你最珍视的价值观决定了你最看重什么。深入了解它们对于最大限度地保持可靠性和精英生产力来说是完全必要的。背叛你灵魂想让你成为的样子会产生我所说的“完整性撕裂”，因为你现实的自我运作方式与你内心英雄情怀所期望的那种行为方式不一致。这种重大的错位空耗了你大量的精力和创造力，而这些精力和创造力本可以用来取得世界级的成果。你的智慧亲眼见证了你对你的真实自我有多么不尊重。

这里的关键是要深刻意识到你的五大深层价值观，这样你才能忠于它们。你永远都不会希望过着不属于自己的生活——直到生命的最后一天才意识到你把最好的岁月花在了那些对你来说毫无意义的追求上。

我真诚地想要帮助你，出于这种想法，我将分享我自己的五大深层价值观，它们分别是：个人超越、奉献家庭、追求技艺、体验美好和谦卑地服务社会。

策略 3　六大重量级日常习惯

我的客户们的大部分指数级的生产力提高及相关的收入增长、生活方式改善和精神成长，都来自他们对于那些我鼓励他们坚守的习惯近乎宗教般的遵守。我把这 6 种制度称为“The SOPs of AWC：达到绝对世界一流级别的标准操作程序。”在这些方面进行锻炼，直到达到“完全习惯”的程度（想不做都难的程度），你会获得我所说的“GCA：巨大的竞争优势”，很少有同行能够与你匹敌。卓越的表现真的不难实现，因为很少有人在做卓越表现所需要做的事情。在这种罕见的技艺精湛的氛围中，竞争并不激烈。是的，“低处”很拥挤。但其实并没有多少人身处于发挥他们最高天赋的“高处”。因为我们当中很少有人知道究竟需要做什么，然后以近乎完美的精度定期执行所需要做的事情，最终达到目标。

以下是我所指导的杰出人士获取他们最高生产力的六大日常习惯：

（1）加入“凌晨 5 点俱乐部”，花一个小时的时间升级你的思维模式，净化你的情感模式，优化你的健康模式，提升你的灵魂模式。你开启全新一天的方式真的会对剩下的每一个小时都产生巨大的影响。用 60 分钟的自我强化开启你的早晨，你将经历一个持续积极、高效和美好的一天。正如那些斯巴达勇士们常说的：“训练时多流汗，战争时就会少流血。”

（2）每天至少写 10 分钟的感激日记，这样可以挤出你脑中的消极偏见，让激增的感激之情成为你的默认选项。科学证实，最有效的干预措施之一不仅会让我们更加高效，还会让我们更加快乐，那就是每天的“三件好事”练习：每天晚上你只需要记下三个小的胜利或令人振奋的经历。正如积极心理学之父马丁·塞利格曼在他的著作《持续的幸福》中所写的：

出于合理的进化原因，与分析坏事件相比，我们中的大多数人几乎都不擅长思考好事件。我们的那些在本应为灾难做准备的时候，却花了大量时间沐浴在好事阳光下的祖先，显然都没能从冰河时代幸存下来。因此，为了克服我们大脑中天生的灾难性倾向，我们需要努力练习这种思考好事的技巧。

（3）做第二次锻炼，理想情况下，最好是在自然环境中散步。我在“像职业运动员一样保持健康”那一章中提到过。我发现，当我锻炼身体、变得更健康时，我的生活也跟着变好了。每天锻炼两次会给你带来极大的好处。

（4）实施“当60分钟学生计划”，这意味着你每天至少要花一个小时时间沉浸在学习中，不然你就不会去上床睡觉，可以是读一本促进领导力增长的书，听一部人际关系建设或与自我构建相关的有声书，再或是参加一个在线课程，丰富你的知识，这样你就有能力为你服务的客户创造出丰厚的回报流。

（5）“90/90/1规则”，这是我一开始就建立的一个习惯，用来帮助我的策划者屏蔽每天早上面对的不断干扰。从本质上讲，就是在接下来的90天里，建立一种牢固、连续的习惯，这样你在每天早上工作的前90分钟，就会执着地专注于这个在你所在领域保持领先的最好机会。你绝对不想把最有价值的时间浪费在最没有价值的事情上。

（6）“每周规划系统”，这是我开发的一种方法，以确保我的客户学员不仅在他们的工作效率上获得极大的提高，而且还能保持一种非常平衡的生活。平衡的生活并非遥不可及。我将在接下来的内容中教会你这个系统的方法，并且我可以保证，这一进程将会使你的生活发生翻天覆地的变化。现在，明确你必须要完成的任务并将其计划好。并且，持续以“天才级别”规划你的每周，才是成就超级巨星，并且过上一种健康，博爱、快乐的生活的潜在入口。

策略 4　专家支援团队

当我开始与首席执行官或重量级企业家建立指导关系时，我早期的另一个做法是组建一个由专家顾问组成的团队，以确保他们超越过去的胜利，迅速完成他们想让我帮助他们完成的使命。这种策略类似于招募团队来支持一个世界冠军级的职业运动员。单凭一己之力是不可能达到大师级水平的。

大多数顶级运动员都会花钱请一个思维模式教练，让他们保持最佳的思维状态；请一个理疗师，让他们不受伤；请一个营养学家，调整他们的饮食和营养补充计划；还有一个策略师，帮助他们提高比赛水平。

至少，我建议，在预算允许的情况下，你应该尽可能地找到你能力范围内最好的私人教练，帮助你进入你所经历过的最好的健康状态。是的，这会让你花很多钱，但我从沃伦·巴菲特那里学到的一点是：当普通人困于某件事的成本时，超级产出者关注的是支出所能带来的投资回报。买最便宜的东西，代价却常常是非常昂贵的。正如奥尔多·古奇（Aldo Gucci）所言："质量比价格更能使人难忘。"

聘请一个优秀的私人教练来推动你进入"超健康"状态，将完全改变你的创造力、艺术力和影响力，同时大幅增加你的收入，因为你会更有活力、适应力和灵感。和教练一起努力锻炼会使你摆脱艰难的独自一人锻炼的状态，让你对自己负责。与一位技艺精湛的健身教练合作，让我体会到了精力充沛和身体健康的感觉，从而可以全身心投入到我的写作之中，并且几十年来在全球旅行中都没有生过病，还可以和家人一起做所有我喜欢做的事情（同时还有自己的时间）。

我还指导我的客户找一个技艺精湛的按摩理疗师，实施"2 次按摩方案"这样他们就可以每周接受两次 90 分钟的按摩（这极大地提高了他们的积极性，让他们更容易在早上 5 点起床，并极大地延长了他们的寿命）。除此之外，我们还为他们安排了一位一流的心理治疗师，这样我在关于创伤那章中提到的被压抑的情感包袱就不会再影响他们的工作效率，我们还让客户参加功能医学诊所进行生物黑客治疗，这样他们就能够逆转衰老，化解认知衰退。最后,我们确保客户每月与心理治疗师一起进行一次咨询，以获得最高的自我。再说一次，你无法单凭一己之力获得世界最佳，要尽快建立一个由超级专家组成的支持团队。

策略 5　强制优化策略

另一个能迅速提高你的生产力、收入水平和影响力的前沿生活方法是“强制优化策略”(forced optimization strategy，FOS)。我们没有执行我们的意图、承诺和本可交付的成果的真正原因之一是，这样做太辛苦了，对吧？如果你没有早上 5 点起床去晨跑，你通常只需要安抚一下你不开心的良心。错过一个你原计划安排的分析财务状况或提高职业表现的会议，或者错过去做一次可以恢复精力的按摩，大多数情况下都不会有太大的负面作用。所以我们对我们的计划安排很草率。然后为我们未能遵守诺言找一些乏力的借口 (是的，当然，我身上有时也会发生这种事)。

这个弱点的解药是什么呢？强迫优化你想要使之融入你的生活方式的事务。去吧，勇往直前，强迫它进入你的生活。例如，假设你希望从现在开始的 90 天内，保持最好的身体状态。这完全是可能的。假设你想要达到这个效果，在工作日的黎明起床，养成高强度晨练的习惯，这样你就可以一直享受美好的日子了。大多数人在坚持一周后就会放弃。有的也许能撑两周。然而，通过聘请一位优秀的私人教练，连续三个月出现在你的家中或健身房 (即使每周只有两次)，你就能强迫自己优化新的日常活动。因为你已经用自己的血汗钱来投资了，也因为这个人会在你约定的时间出现在你家门口或者出现在健身房。

或者让我们假设你希望执行我的“2 次按摩方案”，然后在你的社区找到最好的按摩师,并付了下一个季度每周两次的钱。现在你只得进行了，因为你已经预定了时间，付了费用。你已经把这个习惯的优化强加到你的生活中了。

在你生活的多个领域实施强制优化策略，你将快速并持久地将你当前的美好愿望转化为每天的成果，实现辉煌。

策略 6　完全专注的紧密气泡概念

完全专注的紧密气泡（TBTF）是另一个非常有价值的思维结构，可以让你获得无与伦比的生产力。你可以用这种思维结构组织你的工作日，这样你就能战胜分心、干扰和避免陷入琐碎。著名的艺术家、非凡的亿万富翁、优秀的运动员和世界顶级的科学家都和你我一样，每天只有 24 小时的时间可以分配。然而，他们利用这些时间的方式却与大多数人管理自己时间的方式截然不同。

TBTF 思维结构鼓励你围绕“天才的 5 种资产”，建立一堵无形的墙。这 5 种资产是：精神专注力、体力、个人意志力、日常时间和原始天赋。

使用 TBTF 思维结构，你的整个职业生涯都在一个极端专注的紧密气泡中工作，它有一个多孔的屏障，只允许保护你的积极性，促进你的技艺，滋养你的才能，提升你的公共服务的积极影响进入。那些消极的刺激，如肤浅的网络社交，表演愚蠢的把戏或尴尬的舞蹈的视频，试图给你的激情泼冷水的人，不请自来的网络信息，无休止的通知，以及几乎任何不能让你在人生五大目标上取得巨大进步的活动，都不能跨越这个屏障。获得指数级效率的关键就是保持专注力。这个强大的策略可以帮助你做到这一点。

在这宝贵的机会之窗关闭（它会关闭的）之前，你会狂热、惊人地专注于少数几个优先事项，这些优先事项将让你实现内心的低语、智慧的渴望和平凡英雄情怀的召唤。一旦进入这个形象的工作口袋，TBTF 思维结构将确保那些不重要的事情永远都不会开始变得重要。

这是真正的重点，要让自己在感知的层面上进行整合，而不是简单的地抛出一个好主意：那些不朽天才的秘密之一就是隐居。这是一种逃避世界的方法，即把自己单独关起来，这样他们就能发挥自己的魔力。历史上所有伟大的创造者都有这个共同的习惯。他们把自己的工作场所设置在完全不会分心的地方，这样他们每天都可以在很长一段时间里远离社会的喧嚣。

想想托马斯·爱迪生的门洛帕克实验室。或者电报小屋，这是艾森豪威尔将军在第二次世界大战期间用作避难所的小型私人乡村别墅（他的工作人员非常小心，不让小屋里有任何能让他想起战争的东西，这样他就能充分缓解压力，让他清楚地思考自己的战略和竞选）。

你的创造力就像一个兔子洞：你可以采取简单的方法，屏蔽干扰，如把你的通信设备锁起来，这样你就可以在每个工作日的几个固定的时间块里创作你的代表作。或者你可以设置一个特定的艺术空间，在那里你可以完全隐藏自己，这样就没有人或事可以消耗你的认知带宽和生产力。每天这样做是一种让流畅状态制度化的非凡方式，这样你的才华就会随需而至。

或者你可以去图书馆、附近大学的自习室或空闲的卧室里学习。当我有重要的项目需要完成时，我通常都会在我最喜欢的城市订一个漂亮的酒店房间，住上几个星期。有时我会在自己的家乡订一间套房，只是为了逃避我平常要做的事和从来没有为我带来最佳回报的日常生活的运营管理。事实上，当我为你写下这段文字时，我正住在离家一小时车程的酒店房间里，播放着鼓舞人心的音乐，门上挂着“独处”标志，手机处于“请勿打扰”状态，没有任何会议或媒体安排。我在这里需要做的就是工作（真正的工作）、吃饭（客房服务）和睡觉（一张好床）。是的，如果我这周在家工作，我就不用花这么多钱了。然而，失去源源不断的想法和创造力会让我付出一千倍的代价。

这是目前我所在现场的照片：

我写这一章时所在的酒店房间的工作区

策略 7 伟大的 5 小时承诺

老式的工作方式源于过去的时代，当时人们在工厂流水线上工作，大多是体力劳动者。通过延长生产时间的方式，可以生产出更多的商品（直到工人筋疲力尽，再由下一个班次接管）。

我们现在生活在一个完全不同的时代。我们中的许多人受雇来思考和发明，以及为地球上最重要的问题找到绝妙的解决方案。我们中的许多人是脑力劳动者，而非体力劳动者。因此，工作更长时间并不会对我们更有利，因为长时间工作会耗尽我们的创造力，降低我们实现超越的可能。这就是为什么我完全不认同“拼命工作”的文化。这个星球上最富有成效的人不会一年 365 天，一周 7 天，一天 24 小时地“辛苦劳作”。相反，当他们工作时，他们以最高的强度工作。当他们为了提高自身技艺和推动行业发展而出现时，他们不会狼吞虎咽地进行数字娱乐，也不会闲聊电视节目。他们是认真的。他们是专业人士，不是涉猎者，是专家而非全才。当他们工作时，他们会非常深入，而非宽泛。当他们坐下来创作的时候，他们能够把自己的天赋完全发挥出来，并把它们全部用于自己的事业。

然后，一旦完成了工作，他们就会进行恢复。他们休息，他们娱乐。他们享受自己勤劳的果实和努力的乐趣。这种循环往复的工作方式是获得无与伦比的生产力和精彩人生的最大秘密之一。

我是印度画家侯赛因（M. F. Husain）的超级粉丝，他被称为“印度的毕加索”。当《卫报》记者问这位传奇艺术家是如何安排自己的生活时，他回答说：“我每天早早起床工作。五六点起床。我永远保持着新鲜感，不会对日出感到厌倦。然后我努力地工作上三四个小时。”

面试官问他今天剩下的时间他会做什么，他答道：“啊，其余的时间，我认为虚度也是非常重要的。”

只是虚度。爱上它吧！

因此，我建议我的客户在工作的日子里每天只工作 5 个小时（对我来说，5 个小时不受打扰的、激烈的、稳定的、精致的工作是最理想的）。任何更多的工作时间都是完全不必要的，并且实际上会导致回报递减，因为你累了（此时你不会产出任何实质性的工作成果，所以为什么要浪费时间呢？）。工作日里每天投入工作 5 个小时足以，然后休息、恢复、补充。好好享受一天的余下时光吧！

许多人几乎一开始就反对“5 个小时的承诺”，因为它太不正统了（实际上完全是异端）。然而，一旦他们发现，通过减少工作时间，他们在一周内完成的世界一流级别的工作，实际上比以前几个月完成的还要多，他们就会感谢我。他们还可以利用空闲下来的大量时间与家人在一起，在家庭图书馆阅读书籍，参观艺术画廊，亲近自然或激情运动。

战略 8　世界级行政助理 + 私人助手原理

好的。这一章快要讲完了，我知道我已经说的太多了，但你一旦实现了这些，将是无价的。

行业巨头告诉我，我即将向你们介绍的这个特别的策略，让他们的财富倍增，让他们的业绩爆发式增长，真正彻底改变了他们的个人生活，带来了更多的幸福、平衡和精神上的宁静。

很多超级精英高管、受人尊敬的亿万富翁和杰出的企业家仍然在亲自做他们刚开始创业时做的许多事情，比如自己预订机票和酒店、预订餐厅、监督房屋维修和去商店购买日常用品，这始终让我感到震惊。他们为什么要在现阶段还这么做？这大概是习惯的力量。他们做了太多次，已经形成潜意识。然而，这种行为，在创业初期对他们帮助很大，现在每天却都要消耗他们很多时间，这些时间本可以用来推进他们人生中的 5 大事，创造他们的杰作，磨炼他们的技能，发展他们的自身，增加他们的运动，以及改变许多这世界上其他人的生活。

聘请一个有才华并值得信赖的人——世界级的行政助理 + 私人助手，来组织和安排你的职业生活以及优雅地管理你的个人生活，这将为你释放大量的带宽、精力和时间。你的私人助手可以管理你所有的日程安排，接打所有的电话，处理所有的复杂事情，推掉每一个你不喜欢的活动。

想象一下，当你专注于那些对你来说最明智、最擅长且你喜欢做的事情时，你的工作效率、幸福感和宁静度会有多大的提高。这种方法是创造出一种你最热爱的生活的主要方法。

策略 9　每周休假

在历史上，有一段比较简单的时期，每周有一天，也就是众所周知的安息日，是用来从劳动中解脱出来的假期。一家人团聚，暂停犁地，一起读书，一起吃饭。

“巅峰生产力的策略金字塔”的最后一个标准操作系统就是休假。每周至少一天，然后，我希望每个月休息一周，最终每年至少有两个月的假期。从“做事”转变为“做人”，会更加放松。当我们不工作的时候，我们真的会收获最好的想法。如果你真的累坏了，你就永远也不会在你所在的领域领先。正如我所分享的，长寿是成就传奇的主要因素，从每周、每月和每年中抽出大量的时间和家人一起休假，去旅行，读好书，发展伟大的友谊，享受简单的休息，你将能够确保自己在未来的几十年里都是富有创造力的、灵感丰富的、技能熟练的，以及超级强壮的。

好的。就是这样。我的许多提高效率的最佳策略都给予了我莫大的鼓舞和真挚的热情。所以你可以尽情地探索你的可能性，栖息在你承诺的庙宇之中。希望它能帮助你成倍地提高你的水平。

33

来加入希望之旅吧

我想分享给你一些我写的诗。因此，当本·哈珀（Ben Harper）的歌曲《对不起，先生》（*Excuse Me Mr.*）在我的书房响起时，我有些话想温柔地对你说：

在黑暗与厄运之中，
无人不感到那挫败，
可是你要知晓，怀疑是最狡诈的骗子。
来加入希望之旅吧。

当你因诚实而受责罚，
当你为天赋而遭误解，
奋起反抗这种怯懦。
来加入希望之旅吧。

当你遭遇不幸的时候，当你想要退缩的时候，
当恐惧迷惑了冒牌的你，
在绝望肆虐之处，沉寂心中之敌。
呼唤你的能力来展现奇迹。
来加入希望之旅吧。

羊群蛊惑你变成它们的样子。
喧嚣吵闹、贪得无厌。
摒弃你的本性，玷污你的力量。
扼杀你追求质朴的本能，

教唆琐事侵占你的时间。
不要盲从乌合之众，
你的灵魂已经狂怒。
来加入希望之旅吧。

当你怀疑自己是否重要，
当你觉得自己非常普通
在你焦虑的端倪
回想那一片宁静
在你勇气的深处
无条件地坚定前行。
来加入希望之旅吧。

是爱撕裂了你的心?
生活看上去如此艰难?
是你感觉孤独吗?
灾难比成功更随处可见?
忧虑比快乐更欢迎你吗?

新的黎明已经来临。
善良的回报很快就会显现。
命运的天平从来不会倾斜。
所以，快来加入希望之旅吧。

34

我希望在40岁时知道的40件事

1. 家庭、鲜花、丛林漫步带给我的幸福感，远比汽车、手表和房子带给我的幸福感要多得多。

2. 改善健康极大地提高了我的创造力、生产力和发展力。

3. 选择什么样的同伴，是你成功（或失败）、快乐（或痛苦）、宁静（或忧虑）的一大主要影响因素。

4. 当我在酒店房间里工作，在飞机上工作，而不是被拴在办公桌前工作时，我会把工作做到最好。

5. 好的友谊是无价之宝。老朋友是最珍贵的。

6. 天助自助者。尽人事，听天命。

7. 人们贬低你是你不断成功的标志。

8. 我年轻时认为最重要的事情，恰恰都是我长大后最不感兴趣的追求。

9. 沉默、平静和孤独，构成了最吸引缪斯女神的甜美之歌。

10. 每天的小胜利，只要持之以恒地坚持下去，就会产生革命性的成果。

11. 我没有得到我的想要之物，那是因为宇宙中还有更好的东西留给我。

12. 恐惧意味着你即将成长。这种频繁的不适感正是加速进步的代价。

13. 如果你为了所爱，而甘愿去冒险，即使没有成功，那也不算失败，因为所有的爱情故事实际上都是英雄故事。没有成长的心灵才是一种极大的浪费。永远都是如此。

14. 孜孜不倦地努力而不考虑回报，正是能带来回报的行为。

15. 变老，并不意味着成长。

16. 生活自有一个神奇的反馈系统，你在哪里取得了成功，你就做对了什么（你在哪里受挫，你就需要改进什么）。

17. 通常需要 20 年默默无闻的努力，你才能获得所需的智慧和专业知识，从而知道在一件工作中应该去掉什么、保留什么，进而使它变得非凡。

18. 一个人越谦卑，就越坚韧。

19. 你的收入永远不会高于你的自我认同；你的影响力永远不会超过你的个人经历。

20. 那些我们觉得“将就”的东西，就是我们注定会得到的。（所以不要用你不想要的东西来“将就”。）

21. 有时，沉默是你能给出的最响亮的回答。

22. 当你与人们交往时，他们给你的感受就会告诉你，你想知道的关于他们的一切。

23. 多休息能让我的工作效率提高一倍。

24. 回应那些挑衅者完全是在浪费你的时间。大多数批评你的人都是出于嫉妒，因为你做到了他们做不到的事。忽略他们吧，让超越成为你的回应。

25. 一旦你勇敢地面对那些霸凌者，他们就会变成懦夫。

26. 日记是写在纸上的祈祷。每一条都会被上苍听到。

27. 真正充实、丰富的生活比你想象中的花费要少得多。

28. 生意场上许多人会忽悠你，说什么他们可以为你做很多了不起的事情，但一旦交易达成，他们可能什么都不会为你做。

29. 能够使你充满快乐的活动和地方就是你的天性希望你参与的活动和到达的地方。

30. 金钱的最佳用途是创造体验与回忆，而非积蓄财物。

31. 意志力是通过完成困难的事情来培养的。所以请（每天）多做些困难的事情。

32. 深读几本书，胜过浅读许多书。

33. 艰苦是英雄主义的诞生地。尊重你的疤痕，因为它们成就了你。

34. 大多数人都有着美好的心灵，只要你让他们有安全感，他们就会展示给你。

35. 老人有着最好的故事，也应该得到最高的尊重。

36. 所有生命都是有价值的。扫地恐伤蝼蚁命，爱惜飞蛾纱罩灯。

37. 当你感到最孤独的时候，更高的力量已经接近你了。

38. 无须日复一日 24 小时地“高效运转”和“埋头苦干”。打盹、仰望星空、发呆，这些都是追求美好生活的必要条件。

39. 尊重自己要比被别人喜欢重要得多。

40. 人生短暂，不要太过谨小慎微。

35

米斯蒂·科普兰的自信制造技巧

米斯蒂·科普兰（Misty Copeland），数百万人心目中的英雄，她是我们悠久文明历史上最优秀的芭蕾舞演员之一。

她是著名的美国芭蕾舞剧院历史上第一位担任首席舞蹈演员的非洲裔美国女性，她在纽约大都会歌剧院、莫斯科大彼得罗夫大剧院和日本东京文化会馆的表演都令观众如痴如醉。

她同时也是一个光辉的榜样，她童年中酗酒的父母、背井离乡的经历和残酷的逆境都被她作为动力，实现了曾经看似遥不可及的目标。

作为一名年轻的芭蕾舞演员，她每天在天还没亮时就起床开始练习，她明白，比周围人更加努力，才是寻梦人将潜能转化为力量的绝佳方法。

天赋，外加非凡的专注（专注真是一种强大的秘术），使她在刚开始学芭蕾舞的几个月后就能做到足尖站立（一种穿着特殊的芭蕾舞鞋，用脚趾来表演的特定舞蹈动作），而芭蕾舞领域的其他练习者通常需要很多年才能做到。

当没有人相信科普兰作为一名舞蹈演员有能力取得惊人的成绩时，她的第一位老师看到了她的与众不同，并在科普兰想要放弃时鼓励她这个不同寻常的学生继续坚持下去。

“理想的芭蕾舞演员应该有着小巧玲珑的脑袋、有坡度的肩膀、大长腿和窄胸廓。”这位老师说，这与著名的舞蹈编剧乔治·巴兰钦（George Balanchine）关于芭蕾舞巨星特质的权威说法吻合。

“你都具备，”一天她的老师在课堂上小声对她说，“你太合适了。”

随着时间的推移，科普兰对训练的投入越来越深，她的老师对她的看法也逐渐改变了她自己对自己的看法。

随着科普兰舞蹈技巧的提高，她的实力不断增强，表演水平不断提升，她的自我认同也在这个过程中不断提高。

她开始认识到自己很特别，很有才能，甚至可以说是很有天赋。

世界级的比赛在很大程度上就是自信的比赛。要想在你的舞台上引起轰动，首先要加强对自己的信任。实现这种心理上坚不可摧、情感上坚忍不拔，最快速、最持久的方法就是像你最想成为的那种人一样做。

正如著名的心理学家所建议的：用新的思维方式表现自己，比用新的行动方式思考自己更容易。（请把这句格言多读两遍。）

通过坚持不懈的练习，而非仅仅怀揣希望，你会建立起你的自信。

最微小的行动也比最高尚的意图更好。

不去执行的想法只是进入妄想的通道。

有令人赞叹的想法，却没有最基本执行的支持，这就是轻视承诺的主要错误。

36

买 40 本同样的书的习惯

我的家里堆满了书。

我真的不知道有什么投资能比读一本书的回报还高。只需要花很少的钱，你就可以接触到世界上最有价值的想法和这个星球上最有智慧的思想。

每当我参观商界重量级人物的住所时，我几乎看不到电视。他们的住所都像是一个巨大的图书馆。只需要一本书，一本正确的书，就足以改变你的整个人生。

我经常一本书买很多本。

我家庭图书馆的书架上放着 6 本詹姆斯・艾伦的经典著作《如你所想》；我办公室的一张桌子上可以找到 8 本谢尔・西尔弗斯坦的《爱心树》；我工作室的桌子上静置着 11 本保罗・科埃略的《牧羊少年奇幻之旅》，以便我可以把它们分发给来访的人。我已经买了 40 本古罗马帝国皇帝马可・奥勒留的《沉思录》。

你想知道为什么吗？

因为正如英国著名哲学家和政治家弗朗西斯・培根曾写到过的："书有可浅尝者，有可吞食者，少数则须咀嚼消化。换言之，有只须读其部分者，有只须大体涉猎者，少数则须全读，读时须全神贯注，孜孜不倦。"

我想分享一个故事，希望能够加深你对书籍的热爱之情。（我知道自己一生能读的书是有限的，但我还是会去买很多，即使自己压根读不完，我猜你也有同样的瘾。但只有不健康的瘾才对人有害，是吧？我最大的遗产之一就是我的家庭图书馆。）

不管怎样，每次我在我心爱的罗马菲乌米奇诺机场降落后，我都会先前往我的公寓，把包往地上一扔，快速地冲个澡，然后直奔西班牙台阶旁的一家迷人的小书店。那里，积满灰尘的书堆积在地板上，待售的书上会标有一个似乎是从古罗马帝国遗留下来的标志，整个房间会让你有一种强烈的氛围感，上一次有这样的感受还是在梵蒂冈。

我直接走到我最熟悉的哲学部分，寻找我最喜欢的《沉思录》，用我笨拙的意大利语和那个总是面带微笑的经理交谈，我相信我说出的话，在他听起来可能更像是外语，而不是他那悦耳的母语。

随后我回到自己的住处。开始阅读。

然后我打盹，继续读书。做日光浴，继续读书。再然后，我会和我的朋友一起吃一些用阿马特里西干酪或意大利干酪自制的大餐。当日落使得罗马市中心的神迹般的圣三一教堂上方的天空呈现出一束束的粉红色时，我会继续读更多的书。

我每次都读同一本书，因为我知道，你只会遇到你所在层次的智慧。你不会理解任何超出你目前理解水平的事情。你和我都无法欣赏任何超出我们目前理解范围的作品。

我的意思是……

当我第一次读《牧羊少年奇幻之旅》的时候，我没读明白它要讲的到底是什么。如今我再读这本书，我才发现书中蕴含的智慧。这本书没有变。但随着时间的推移，我成长了。随着更多知识和经验的积累，我对保罗・科埃略所写的知识和经历有了更深刻的理解。

当我第一次读《海鸥乔纳森》时，我以为这只是一本关于鸟的书。

现在我把它看作一部关于站在最高层面的自我表达，以及描绘忠于自我的重要性（甚至为此应不惜一切代价）的杰作。

大约在 5 年前，当我第一次翻开《沉思录》时（这是在我听说世界上许多最伟大的总统和总理、名家和大师、女政治家和人道主义者的床头上都放有这本书之后），我发现它晦涩难懂，令人困惑，毫无趣味。几分钟后我就把它放下了。

但随着我年龄的增长、我个人的不断成长，以及我越来越多地读这本书，我越发能够理解这位仁慈的帝王在他的个人日记中所写的内容（当时欧洲正经历着历史上最严重的瘟疫之一）。

同样，这些书没有改变，是我变了。

更重要的是，我能做到的，你也可以。

37

耻辱的含义

在《沉思录》中，我最喜欢的一句话是：“无耻之尤：肉体尚安然健在，灵魂却中道而止。”

我建议你成为一名诗人般的战士。

安静而柔和地生活。温柔地对待所有人。珍惜简单的美好生活，懂得适可而止，享受斯巴达式、极简主义和创造性生活方式的迷人魅力。就像一个真诚的诗人一样。

但是，当你需要采取艰难的行动来实现你的伟大使命时，当你需要付出巨大的努力来实现你的崇高梦想时，永远不要投降、屈服。

以战士的信念生活，始终忠于你的愿景、信条和自我承诺，同时记住，如果一生坚持不懈，真诚而有规律地取得的微小胜利，就会累积成英雄般的转变。你会到达你向往的地方，只要有决心和耐心。

因为，懒惰、冷漠和放弃是悔恨的根源。

认输投降是失败者的领域。放弃追求你的目标、欲望和理想是对你天赋的一记恶毒的耳光。相比于放弃然后心安理得地接受失败，你值得拥有更多。

当然，你会在旅途中感到害怕。我也曾感到过恐惧。然而，恐惧对我们内心深处所造成的伤害远比它实际能够造成的大得多，不是吗？

请原谅我提出关于死亡的问题，但我也的确向你们保证过，我会永远对你们保持真诚……

所以我必须提醒你们，死亡对我们所有人都是不可避免的。我们中的任何人，都可能会在任何一天死去。

鉴于这个事实，做出我们需要做出的改变，遵循我们所知必须遵循的原则，这难道不是最好的吗？所以，了解自己的优势。

而后，避免耻辱。

38

非凡发展力的简单箴言

这是一条有力的箴言，你应该把它记在你的脑中、放在你的心里，这条箴言就是：你找不到解决方案，并不代表解决方案不存在。

当充满压力时，我们的洞察力会收缩，我们的创造力也会衰竭。我们会失去看到机会的能力。这就好像是恐惧在我们的眼睛上罩上了一组镜片，阻止我们注意到任何的可能性。如果你明白我的意思的话，我们就可以开始看穿“胆怯的有色眼镜”。

我的一个好朋友刚刚度过了他职业生涯中最赚钱的一年。我问他是怎么做到的。

“很简单，”他一边喝着浓咖啡一边回答我说，“我和我的团队一直都在为出现的一切问题寻找解决方案。我们不愿被困难阻碍。我们会谈论你我有时会谈论的话题——莲花如何在沼泽中盛开。所以无论发生什么，我们都始终保持着积极、坚韧和机敏。我们就是这样成功的。”

这就是为什么他是我最好的朋友之一，以及为什么他恰好也是超级富豪。

39

拥抱怪兽

曾经有一位年迈的心灵大师去参观一座神秘的修道院。当他走在山路上时，围观者和那些渴望了解他非凡力量的秘密的人都跟着他。

在进入修道院之前，这群人必须穿过一个装饰着彩旗的大庭院，那里有许多精心制作的石雕。

正当他们穿过前门时，他们突然注意到，有三条恶犬挣脱了锁链，向他们飞奔而来。

所有人都被吓得倒抽了一口气。他们立刻停步，然后转身开始朝相反方向逃跑。

是的，所有人，除了那位年迈的大师。

相反，他笑了。然后打了个哈欠。随后，他做了一件你可能会觉得不可思议的事：他径直冲向了那些狗。

狗群加快了脚步，在院子里飞奔得更快了。大师又打了个哈欠，然后也加快了速度。

狗群跑得更快了，大师也跑得更用力了。现在他边跑边唱，还把拳头举到空中，这一姿态似乎证实了他对胜利不可撼动的信念。

旁观者们目瞪口呆。

至于狗，他们越来越害怕比他们更强大的大师。不久，它们就转身逃跑，回到自己的角落里去了。

我发现，恐惧就是这样的。

逃离它，它会以更大的力量向你靠近。

直面它，它就会转身离开。就像一个不请自来的客人，意识到它们不该出现。

怀揣着对你最高英雄情怀的敬意，我鼓励你尽可能多地拥抱你心中的怪兽。

把它们关在地下牢笼之中，它们只会给你洗脑（甚至“洗心”），让你认为（和感觉）它们真的很可怕。但是如果你走下台阶，打开灯，看着它们的眼睛。你会发现，它们其实看起来更像动漫角色，完全是人畜无害的。

我上大学的时候非常害怕公开演讲。即使只是给十个人做报告，一想到这些我的心都会怦怦直跳，声音也会颤抖。

当我不得不在课堂上发言时，我会思绪混乱、心跳剧烈，最后搞得一团糟，然后就那样返回座位。

后来，我意识到：任何重要的成就本质上都是对恐惧的战胜。

我有伟大的梦想和壮志雄心，我拒绝让我的不安全感统治我。我想让自己过上更好的生活，也想让尽可能多的人与我同行。

所以我决定不再做一个受害者。就在那一瞬间，我做了一个改变我一生的选择。

我去了图书馆，借了几本关于克服公开演讲恐惧的书。我仍然清晰记得，我在我的卧室里待了好几个星期（确切地说，是把自己锁在房间里），一行一行地仔细阅读那些书。

在这几个星期里，我没有和朋友出去玩，没有看电视，没有打游戏，也没有躺平或者胡闹。我始终在学习在观众面前建立自信的策略，以及如何在人们面前表现时让我的肢体变得灵活自如。

接下来，我报名参加了戴尔·卡耐基的公共演讲课程。直至今天，我仍然清楚地记得，每周一晚上，在一家安静的汽车旅馆的会议室里，我都会给一屋子的参与者做一些简短的演讲。

我知道这听起来都很简单，但事实就是这样的：

我讲得次数越多，这件事就变得越容易。

我越是冲向那些恶犬，它们就越是逃离我。

随着时间的推移，通过深入的练习和持之以恒的坚持，在公众面前演讲变得越发有趣起来。真的很有意思。

现在，我可以在一万人、两万人、三万人甚至四万人面前走上舞台，感觉就像是在我家的房间里一样。

这就是持之以恒、坚持不懈的力量，足以化恐惧为动力，化懦弱为勇敢。

在巴西圣保罗的一次领导活动上，面对四万人

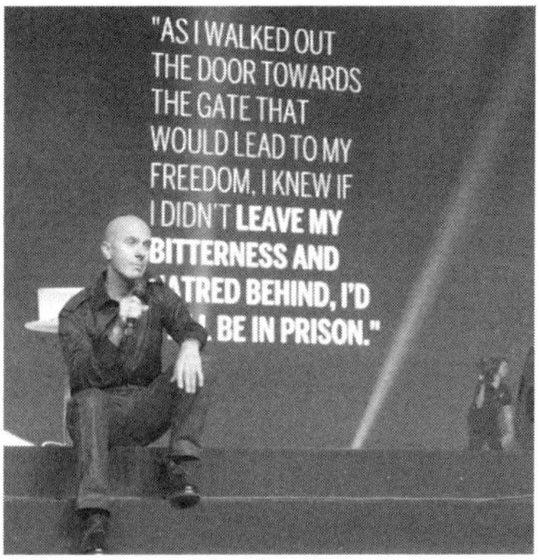

在一个聚集了数万名高级商业领袖的体育场的舞台上

我很欣赏弗兰克·赫伯特在《沙丘》中的这句话，他雄辩地阐述了这一点：

我绝不能恐惧。恐惧是思维的杀手。恐惧是带来彻底毁灭的小小死神。我将正视恐惧，任它通过我的躯体。当恐惧逝去，我会打开心中之眼，看清它的轨迹。恐惧所过之处，不留一物，唯我独存。

所以，当你感到胆怯时，请回想一下这位智慧的年迈心灵大师的故事。并确保，在你漫长而幸福的余生中，你每天都在追逐你的那条疯狗恶犬，拥抱你心中最大的怪兽。

这样，它们就会四散逃离。

40

四位数甜品法则

法国里维埃拉的费拉角四季大酒店是世界上富豪阶层最喜爱的地方之一。

酒店建筑优美，位置优越，服务周到。

一天早上，一位客人点了一个圣特罗佩派，这是一种奶油夹心面包。碧姬·芭铎在圣特罗佩拍摄电影《上帝创造女人》时给它起了这个名字。

酒店后厨礼貌地通知客人，菜单上没有这种甜品，因为它是 60 英里（约 97 千米）外圣特罗佩地区的特色甜品。

然而客人坚持要吃这份甜点，他坚定地说他一定要得到他想要的东西。

所以，听着，前台礼宾部租了一架直升机，并要求直升机的团队成员飞到圣特罗佩最好的甜品店，买了一个新鲜的圣特罗佩派。

正好赶上品尝咖啡的时候，甜品被放在了客人的桌子上。当然，一同放在上面的还有账单。

账单金额是多少呢？ 2005 欧元，甜品是 5 欧元；剩下的是直升机的费用。

客人很高兴。于是，费拉角四季大酒店，在它致力于保持传奇的过程中，又赢下一局。

在一个大多数企业甚至没有兑现其市场营销承诺的时代，你可以通过制定一个标准操作程序来震惊客户，并完全超出他们的预期，从而使你的组织与众不同。

我曾经在布拉格住过一家酒店，在那里我问前台服务人员，能否以最快的时间干洗好衬衫。她的回答令人难忘：“一切皆有可能。”

在另一家位于毛里求斯热带天堂的酒店，员工被培训去遵守一个简单的准则:“答案是‘好的’，请您开口吧。”很完美，对吧?

因此，下次当你面对一位难对付的顾客时，想想看，每一位不高兴的顾客都可以变成忠实的粉丝，只要对待他们时多一些关心、理解、机智和欣赏，这种变化真的是一次就可以造就的。

它所需要的只是一次创新，以及对守护口碑的巨大热情，还有让其他人感受到幸福的来自心底的爱。

就像找到了价值 2005 欧元甜品的前台礼宾部一样。

41

不要成为“树懒”

声明：我最好的朋友收养了一只树懒。

但树懒（你可能不知道树懒是什么，它在我看来，像是一种浣熊和猩猩杂交出来的奇怪动物）实际上并没有和他住在一起。

你可能会问我，是不是因为那样就不美观了，家里会变得乱糟糟的。

不，并非如此。

他找到了一种帮助一只需要帮助的树懒过上更好生活的方法。那就是，将它寄养在一个野生动物保护组织，每个月给这个小家伙寄点钱。

现在，当我们一起享用日常晚餐时，我朋友为树懒承担的义务，为我提供了无尽的幽默来源。我开了一个又一个玩笑，出于某种无法解释的原因，我发现他养育树懒的决定非常好笑。

他通常都会翻一个白眼，以表明他对动物热爱的态度，随后与我一起开怀大笑，并再来上一杯酒。

（请不要批评我应该更尊重树懒；除了树懒，我喜欢几乎所有的生物。所以我不会读那些你们恳请我加入“树懒支持者联盟”的信息。我对此毫无兴趣。）

玩笑归玩笑，但你知道树懒是世界上移动最慢的哺乳动物吗？

这是真的。

这就是为什么英文中“懒惰”（lazy）的恶习被称为“树懒”（sloth）。

我到底想说什么？非常简单。不要成为“树懒”一样的人。

42

本·富兰克林的 13 个美德养成法

卓越的日常生活习惯会让你超越天赋。你我在书中共处了这么久之后，你一定知道这是真的。

我见过许多天才级别的人，虽然拥有无限潜力，但却无所作为。

我也见过许多能力平平的人，通过自身努力，却能达到令人瞩目的精通水平。

是的，我知道，始终如一地坚守你对自己的承诺，每天花大量时间进行练习和提高，并严格遵守纪律是很困难的。然而，我仍然要告诉你，选择做艰难的壮举而非轻松的活动，才是最轻松的生活方式。

你想知道为什么吗？

因为有规律地做困难的事情，比如日出而起，锻炼而非瘫在沙发上，节俭而不是大手大脚，充分发挥你的才能，体贴地对待你遇到的每一个人，这些都会保证你的生活富有创造力、生产力，身体健康，经济充裕，技能卓越，受人尊敬（以及问心无愧）。所有这些都会让你的生活变得更加轻松。

我还想提醒你重量级习惯养成的另一个主要原则：对于一个好习惯，始终保持比时断时续更加轻松。

在我年轻时，对我影响最大的一本书是《富兰克林自传》。直到今日，他树立 13 种美德的方法仍然出类拔萃，他认为这些美德对成功、幸福和名誉都至关重要。

作为背景，我想分享书中的一段话：

大约就在这个时期，我构思了一个勇敢而艰巨的计划：追求道德至高的境界。我希望在今后的人生中不再犯任何错误。我知道，或者自认为知道，什么是是，什么是非，我不明白为什么我就不能只去做好事而不做坏事呢。可是我很快就发现：我要完成的任务比我想象中的要艰巨得多。

尽管富兰克林知道他必须通过做什么样的事才能成为一个高尚的人，但他仍然发现自己的行动经常会偏离所想。解决办法是建立一套系统，通过精心培养更强大的习惯来取代原本薄弱的习惯。

这位政治家成就伟大人生的主要美德是：

1. 节制：食不可过饱，饮不可过量。

2. 缄默：避免无谓闲谈，不用有害词语。

3. 秩序：艰苦朴素，履职尽责。

4. 决心：决心做的事情一定要完成。

5. 节俭：谨慎消费，避免浪费。

6. 勤勉：珍惜每一刻时间，去除一切不必要之举。

7. 真诚：不损害他人，不使用欺骗手段，在任何情况下都要坚守自我。

8. 正义：平等对待每个人，不偏不倚。

9. 中庸：在懒惰与禁欲之间，避免走向极端。

10. 清洁：保持身体、居所和环境的清爽整洁。

11. 平静：保持内心平静，不要拘泥于琐事。

12. 贞节：不要置身于无意义的性追求。

13. 谦卑：以伟大的圣人、哲人和先知为榜样。

富兰克林为 13 种美德创建了以下表格，他把它夹在一本他称之为“小书”的日记本页面里。正如你所看到的，左边一栏是每一种美德的首字母，顶部是一周 7 天的日期。

每天晚上，在睡觉前，他都会根据自己的承诺来衡量自己白天的行为，对自己的行为进行集中反思，以判断其是否符合自己努力要养成的习惯。

富兰克林每周专注于一种美德，这样他就可以“13 周完成一个完整的周期，一年完成 4 个周期”。

还要了解的是，富兰克林认为这 13 种美德是可以相互促进的。花一个星期的时间在节制上，这会给你更多的意志力，让你的缄默能力变得更强。一个星期后，专注于缄默的美德，你会有更强的自制力来强化你的生活秩序，等等。

人类伟大的美德

	S.	M.	T.	W.	T.	F.	S.
T.							
S.							
O.							
R.							
F.							
I.							
S.							
J.							
M.							
C.							
T.							
C.							
H.							

这种方法是一个绝佳的例子，一个对于每天提高自我意识形成的转化力量，以及你将在接下来的内容中学到的“3 步成功公式”的绝佳例子。

现在，只需在接下来的几个小时里花点时间思考本杰明 · 富兰克林至关重要的美德，以及如何通过定期应用他的这一系统来提高你的表现、成就、宁静和精神。

我最喜欢的《本杰明·富兰克林自传》

43

孔雀的抱怨

我喜欢读《伊索寓言》。这些寓言在我的人生道路上给予我指引，提醒我什么是重要的，帮助我活得更有知识、信念，也帮助我活得更清晰、透彻。

今天早上，我读到了一篇名为《孔雀的抱怨》的寓言故事。

从前有一天，一只可爱的孔雀向女神朱诺诉苦。

它说，夜莺的声音比她优美得多，并争辩道，这是完全不公平的。

朱诺回答说，所有生物都被赋予了独特的天赋，孔雀得到的是美丽。

鹰很强大；鹦鹉能模仿人类说话；鸽子异常平静。

孔雀则引人注目，非常迷人。

“它们都满足于做自己，除非你想一直痛苦下去，否则你最好也要学会这一点。”女神建议道。

孔雀学到了这一点，很快就明白了自身的魅力所在，骄傲地展示着它的羽毛，让全世界都能够看得到。

44

代价最大的斗争

我见过一些人，因为斗争而浪费了他们生命中宝贵的年华。

我认识一位先生，他受雇于一家大公司。他觉得自己受到了不公正的对待，并且坚信自己是对的。

他本可以通过一些机智的谈判和理性的讨论，也许再加上一点妥协，来解决这个问题。

但是他想要证明自己是正确的，完全、彻底的正确。

为此，他花了自己二十年的时间进行斗争。是的，二十年。

你猜怎么着？他的确赢了。

你猜怎么着？他中风了，失去了大部分财产，最后坐上了轮椅。

当最后斗争结束时，他几乎都已经无法说话了，但他尽力喃喃地对我说："看，我给了他们一个教训，不是吗？"

当然，我发自内心地相信，一个人必须为正确的事情而奋斗。马丁·路德·金曾经说过："当我们对重要的事情保持沉默时，我们的生命也就已经开始走向了尽头。"

坚持你的原则，忠于你的价值观，捍卫你珍视的东西，这将增强你的品格，为你的平凡英雄情怀提供动力，提升你的自尊。

我明白。我们在这件事上意见一致。

然而，通过我自己的经历，我也学到了这一点：任何斗争都不值得你失去创造力、生产力、幸福和内心的平静。

失去这些珍宝，你就失去了一切。

所以，一切事务都应该做到平衡，不是吗？

小心地选择你的战斗。有时你必须为维护你的荣誉，勇敢地站出来。有时你则要看到更大的图景，更倾向于守护你宝贵的快乐，而不是证明自己是正确的，明智地通过选择避免冲突来继续前进。要相信，采取积极途径才能走得更远。

45

杀死汝爱

是的，我确实记得我之前提到过，要使用振奋、支持和鼓舞的词语。

然而，我需要使用这个标题，来解释我是如何摸爬滚打成为一个作家的。

我经历了十二个漫长、艰巨和紧张的月份，当然同时也经历了十二个振奋、活力和愉悦的月份，才写到了这本书的这一部分。

下图展示了我在创作过程中对于耗人细节的细致和痴迷：

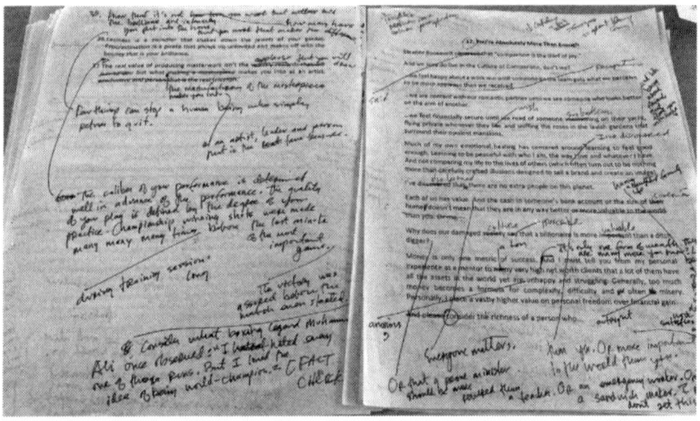

这是我写书的一个例子

你可能会问，为什么我要在一个项目上如此努力地工作（《凌晨 5 点俱乐部》花了我 4 年时间），为什么我要花这么多时间煞费苦心地把每一句话都写好。

广告界的传奇，大卫·奥格威曾写道：“我是一位糟糕的文案作者，但我是一名好编辑。所以我开始编辑自己的草稿。经过四五次编辑后，它就可以看起来足够好，能够向客户展示了。”

你问我为什么在写作时如此专注、投入、狂热地忠于最高标准，我的回答包含了一些我最钟爱的艺术法则：

1. 这是因为我非常尊重我的读者，所以必须尽我所能给他们最好的，因为这是他们应得的。

2. 这是因为我要将我的技艺注入一个新的作品，从而超越过去的作品，突破过去的边界，超越曾经的极限，提高自身的水平。

3. 我绝不能满足于过去的成就，因为那将是终结的开端。重复我在上阶段畅销书中成功的做法，而不冒险进入下阶段体验危险与荣耀，这将是毫无意义的。

4. 我的姓氏印在封面上，所以我不能把任何不代表我全力以赴结果的东西送到这个世界上。

5. 因果报应是真实存在的，比我们更高的力量会监督我们所做的一切。本着对读者的爱，以及想要真诚帮助他们、让其生活变得更好的精神，我的个人梦想将成为现实，伟大的事情也将发生在我所爱之人的身上。

6. 我们的文明需要更多的真与美，所以如果我能够把更多的真与美注入这个世界，我就有责任这样去做。

这些都使我更加接近这一章的标题……

下面是昨天我在海边小屋打磨手稿时拍摄的一张照片：

请仔细看。你会看到一张纸条靠在烛台上，离我的手稿不远，这样我就可以在写作时看到它。上面写着："杀死汝爱。"这句话有时会被改成"谋杀汝爱"，这句话通常被认为出自诺贝尔奖得主、小说家威廉·福克纳。

这是一条非常有价值的原则。对于任何严肃的创意制作人和重量级的艺术领袖来说，都是如此。（无论你是在完善剧本、推动初创企业、管理团队还是发起运动，你都是一名创意制作人。）

对我来说，这句话意味着，精通需要我们去除那些我们认为是好的，甚至是宏伟的，但对项目来说并非绝对必要的东西，以将这项工作做到更好。

这张纸条提醒我，少即是多，尽管手稿中有很多内容我都很喜欢，但我必须下定决心把它们删掉，才能让书变得更好。

在很多方面，成就你的杰作，更多的在于你有勇气舍弃什么，而不是你想要留下什么。

让事情看起来简单通常需要花很长时间。确保呈现在读者面前的都是真正的专业知识的一个方法是除去一切，只留下重要的东西。因为只包含必要的内容需要极强的敏锐度、知识、勇气和技巧。

"杀死汝爱，杀掉汝爱，即使这会伤了你那个以自我为中心的小作家的心。"传奇作家斯蒂芬·金建议道，这句话已经刻在了我精神中最宝贵的那部分之上。

我热切地期盼你也这样做。

46

拒绝第三种回报

期待回报的给予根本就不是礼物，而是一种交换。

使“给予”成为一种近乎神秘的幸福行为的，是你给予的意图。

如果你想要回报，你就腐蚀了你所传递的礼物的光彩。

在我为你写这章内容之前，我再一次读了古罗马帝国皇帝马可·奥勒留写的一段话。你应该也看出来了，这位哲人战士是我心目中伟大的英雄。

他用了“仁慈”这个词，这个词终于以我一直希望的方式落在了我身上。

我明白了它的含义，而且是花了很多年的时间才搞懂。这个词隐含的意思是一种感觉的认知，而非一种理性的理解。

成为一个仁慈的人（或领袖、创造者、生产者），就是纯粹地去做你所做的事，出于正当的理由，诚实正直，并且主要是出于利他的考虑。

我并不是说做利己的事情有什么错。自爱是一种绝妙的策略，而双赢则更是绝佳。

然而，当你主要是为了给予而给予、不求回报地付出时，你将把你快乐的天性提升到更高的境界，从而进入你最光荣高贵的伊甸园，体验你最神圣高尚的天堂乐园。

这位睿智而勇敢的统治者（回到马可），他特别关心罗马（当时是世界上最强大的帝国）的福祉和公民的状况，他在我读到的另一篇文章中写道:“当你做了一件好事，别人也因此得到了好处，为什么还要像傻瓜一样寻求第三种回报呢？无论是寻求做好事的名声，还是想要得到其他一些回馈？”

把你的名字挂在医院的墙上，这不是真正的慈善，是虚荣心在作祟。

做一件好事，然后到处宣扬你的所作所为以树立名望，这并不是真正的帮助。这是自我推销。（我不知道你怎么想，但我越来越厌倦那些在聚光灯下做一些不真诚的事情来展现他们“社会良知”的公司，其实他们私下里对此一点都不在乎。）

为你所爱的人、邻居或队友做点好事，甚至哪怕只是等待一句“谢谢”，也会破坏你这一明智之举的壮丽光彩。

只要慷慨给予，不再渴求回报。你所提供的服务是你耀眼的赏金。

提供零附加条件的好处。无须回馈，不要掌声。只有这样，你的慷慨才是纯净的。因此，才是值得尊敬的。

每一次你这样做的时候，你就会成为你最贫瘠欲望的掌控者，你最无情自我的控制者，以及任何对于“你英雄情怀所要求你继续表现出的潜能”的不忠欲望的统治者。

这难道不就是最好的回报吗？

47

治愈你曾经受伤的心灵，让你成为伟大的大师

社会上认为，打开你的心扉、展示你的情绪，是懦弱、温顺的表现。

但事实上，只有一个真正的战士，才需要去做那有原则且危险的勇敢工作，才能去摧毁围绕着心灵的堡垒，并重新与心中的情感不再隔阂，正是这种情感让人类对人性产生同情、对生命的壮丽感到敬畏、对梦想的魅力充满热情。

当我们还是孩子的时候，我们在情感上是赤裸的。我们将自己的脆弱置于掌心，不加遮掩地让全世界都能目睹。是的，我们曾经就是那么坚强。我们曾敢于诚实地说出我们的恐惧，大方地流出无辜的眼泪，冒着风险，保持真实的自我，向任何想要看到我们出彩亮点的人展示才华，从来不会感到不安。

正因我们已平静地体验过人类实践经历中所产生的各种痛苦，我们也注定都有机会获得那必然要经历的幸福。

诗人纪伯伦在他的代表作《先知》（我最喜欢的书之一）中精辟地阐述了这一点：

你的喜悦是你摘下面具的忧伤，正如笑声中也常含着泪水。镌刻在你生命中的忧郁越深，喜悦亦随之饱含充盈。那盛酒的美盏，难道不曾是炉匠窑中之杯？

然后，当我们继续生活，遇到失望、困难和沮丧时，我们就会不断积累挑战性事件遗留下来的情感残渣。为了保护自己，我们无意识地开始在我们温柔、智慧且强大的心灵上打造盔甲。以此逃避伤害，以此避免痛苦，以此忘记创伤。

然而，在避免痛苦的过程中，我们也与光明分离了。

在逃避悲伤的同时，我们也出卖了自己的希望。

在逃离恐惧的同时，也导致我们“拥抱心中的怪物、消灭体内的恶魔”的能力的萎缩。

在抗拒与“真实的自己”交往的过程中，我们无意间扼杀了我们本性中的智慧、超越和奇迹，它们被封锁在壁橱里，深藏于我们未曾触及的自我深处。

我的情感哲学中的一个主要原则就是：要治愈伤口，你就必须先感受被压抑于其下的情绪。

我想要强调的第二个原则就是：如果它是歇斯底里的，那它就会是永久性的。换句话说，对任何特定情况的实时过度反应程度，实际上都体现了早前情感伤害的深度。

第三个值得你深思的情感原则是：不去感受的感觉会在潜意识中形成“损伤区域”，它会贬低你的天赋，逃避你的承诺，阻碍你成就伟大。

心理学家卡尔·荣格写道，大多数人对他所说的“阴影”表现出了的有意的视而不见，即我们将自己虚伪的一部分塞进无意识中，这样我们就不必用以下方式来处理它：

不幸的是，毫无疑问，总的来说，一个人既不如他想象的那样好，也不如他想要的那样好。每个人都有自己的阴影，在个人有意识的生活中体现出得越少，阴影就越黑暗、越密集。总之，它形成了一个无意识的障碍，阻碍了我们最善良的意图。

他补充说：

一个人不会通过想象光明的形象而得到启迪，而是会通过意识到黑暗而得到启迪。然而，后一种做法令人不快，因此不受欢迎。

弗洛伊德更直接地阐述了这一点：“未表达的情绪永远不会消失，它们只是被深埋心底，有朝一日会以更加丑陋的方式爆发出来。”

把情感工作视作愚蠢从而摒弃搁置，只专注于改善你的思维，而忽视治愈旧的创伤及处理积蓄在你内心的痛苦，就是忽视了通往你至高无上的大门，并创造一种自我破坏的状态，使你只能在目前的状态下止步不前。

所有这些被压抑的“小创伤”（可能也有“大创伤”），你可能甚至都没有意识到它们的存在，因为它们完全埋藏在你的潜意识里。这才是你没有发现自己的天赋，没有意识到自己的才能，没有充分发挥潜力，从而没有向世界抛撒星辰的真正原因。

那个被困在你心灵深处的“损伤区域”，是你迟迟没有创作出杰作的主要原因，是你抗拒养成大师级的习惯的主要原因，是你破坏健康关系（或者是被有害的关系吸引，因为受到创伤的人不知道健康关系是什么样子的。令人难以置信的是，充满变故的生活方式对他们来说似乎比平静的生活方式更有安全感，因为他们对此更为熟悉）的主要原因。或者愈发严重的成瘾的主要原因（从花太多时间在社交媒体上，到花太多时间购物、喝酒或抱怨，基本上错过了就在你面前的机会，这个机会本该能让你兑现自己的宏伟承诺，过上非凡的生活，并在这个过程中为许多人服务）。

我们过去所有被压抑的痛苦也解释了为什么大多数人都退缩到了自己的头脑和思维之中，而忘记了一个事实：本能总是比智力更聪明，心灵总是比理智更明智。

由于我们中的许多人如今活在思维中，困在思想里，而非乐享本能、专注感觉，我们已经忘记了如何感知（和珍惜）我们周围的生活。

反过来，这意味着：

我们无法对伤害他人感到自责。

我们发动战争，杀死我们的手足同胞（因为我们不再觉得我们与他们有任何关系）。

我们会因为邻居的肤色、性别或宗教信仰而不尊重他们，因为我们感受不到这种暴力行为的恐怖。

我们用化学物质、垃圾和其他毒素污染了一个曾经纯净的星球，破坏了海洋，毁坏了森林，伤害我们的动物朋友，因为我们屏蔽了自己，不让任何清醒的人在杀死其他生物时感到悲伤。

这就是一个文明中的人，不再与他们的情感联系在一起，对他们的知觉感到麻木之后的行为。这就是一个被机器般的理性、理智所束缚的人的行为方式，他们宁愿制造更多的数据，也不愿增长智慧。

这就是世俗的利己主义战胜人类英雄情怀的后果。

我需要结束这一章了（我是在大西洋上一个人烟稀少的崎岖岛屿上的一间隔板小屋里写下这段文字的，屋外狂风怒号，巨浪拍击，窗户都为之颤抖）。

我将留给你一个具体的技巧，它改变了我所指导的学员的创造力、生产力、发展力和影响力。它被称为 AFRA 工具。

A 代表意识（awareness），F 代表感觉（feel），R 代表释放（release），第二个 A 代表上升（ascend）。让我们来看看与之相关的学习框架：

下一次，当你脆弱的自我被某个人或某件事消极地激发时，与其扮演受害者的角色，指责他人或外部条件，不如开始利用环境来训练净化你的情感，处理被压抑的情感伤害和旧的创伤，这些创伤已经从你潜意识生活的隐藏深处华丽地升起，进入你的有意识的注意之中。

你会知道，来自“伤害领域”的受阻情绪已经上升到表面，现在你可以实事求是地处理这些困扰你的东西，确认它已经离开了你的潜意识，进入你的意识之中。卡尔·荣格说过：“任何让我们对他人感到恼火的事情，都能让我们了解自己。”

如果你内心没有预先存在的愤怒，就没有什么能让你生气，对吧？因此，那些让你沮丧的伴侣、难缠的同事或咄咄逼人的司机，这些使你感到愤怒的人实际上都是你精神上的朋友，是上天派来帮助你成长、帮助你拥有更多优势的。因为他们触发了你过去的伤口，让你能够意识到它，这样你就可以看到它，如果你愿意，你就可以治愈它，这样它就不会再破坏你的创造力、生产力、发展力和幸福感。如果你的内心没有过去的、得不到解决的悲伤、羞愧、怨恨、嫉妒、失望和后悔，就没有什么人或事能够阻止你如今的天资、才能的发挥，对吗？

用于净化情感的 AFRA 工具

1. **意识**
   找到感觉
2. **感觉**
   保持在那种感知之中
3. **释放**
   让伤痛离开
4. **上升**
   向更高的方向前进

当你越来越多地使用 AFRA 工具时，你不仅会把所谓的“困难”变为你的优势，利用每一个困难的情况来促进你的成长和自我超越，把所有的绊脚石变成垫脚石，你还会把伤口转化为智慧，把问题转化为力量，让它伴随你的余生。

好的。请允许我向你介绍如何使用该工具。

下次当你对某件事有强烈的反应时，开始训练自己，通过稳定的条件反射来想到 AFRA 这一缩写词。我强调“强烈”是因为，只有当你的情绪反应是对某件事的“过度反应”时，这需要再次强调，你才知道已经有了一个早已存在的伤口。

当然，在我们的生活中，我们对环境产生各种相应合理的情绪是完全正常、健康的，并不会触发旧的伤疤，例如当你在与家人不愉快的谈话中生气，或在客户不认可你的辛勤工作时感到悲伤，或在一个高要求的职业机会出现时感到害怕，或对你的财务状况感到不安，或因朋友对你说话的方式感到沮丧，或当从社交媒体中看到有人比你做得更好时感到自卑。接下来，运行以下四个步骤来获得治愈。

步骤 1　意识

通过定位你身体的感觉，开始建立对内在创伤的意识。最初的伤痛仍被困在那里，因为你被教导不要去感受它，直到它结束（大多数人在孩提时代就被告知，感觉是错误的，是弱者的专属产物）。我们觉得承认情感上的创伤不安全，所以我们否认它，导致它在我们内心冻结，阻碍了我们最真实的力量，使我们无法变得惊人，实现崇高。

起初，你可能无法找到与情绪相关的感觉，因为情绪流畅对你来说太陌生了。但请记住：你正在开启一项新技能。要达到精通需要练习和耐心。你需要继续寻找具有挑战性的人或情况引起的身体反应，可能是胸闷、哽噎、胃疼、头痛。把自己看作某种情感侦探，在你的情感中探索更多，更好地了解你的这个重要部分。把你所有的注意力放在身体的感觉上。这会自然而然地把你带入当下，使你从任何不安和理智中解脱出来。尽你最大的努力远离你的头脑，停留在你身体中的实际感觉上。注意它的质地，感受它的颜色，与它融为一体。

步骤 2　感觉

事实上，你感觉到旧的、曾经压抑的情绪被当前的场景激活，这并不是一件糟糕的事情，而且可以说完全是一件好事。是的，社会普遍认为，如果我们不是始终感受到快乐，那么一定是哪里出了问题。这真是胡说八道!

要成为一个充满活力的人，就要经历一系列的情感。在这里要重复强调一下：你感觉到一种不愉快的情绪，这意味着它已经从你的无意识中浮现出来，进入了你有意识的部分。太棒了！它不再秘密地控制你，不再能够悄悄运行，不再能破坏你的创造力、生产力和幸福感。所以在此过程中的这一步，我们的目标是保持这种感觉。不要逃避，不要用电子设备分散自己的注意力。因为要治愈伤口，就必须感受伤口下被压抑的情绪。事实上，这种感觉现在会被你唤醒，成为你身体里的一种实际感受，这意味着它正在消失，不再停留在你的伤害领域（在那里，甚至在你不知情的情况下，它就已经对你的生活造成了严重的破坏。）坦然面对它，坐下来接受它，而不要否定它。要相信，摆脱痛苦的最快方法就是直接投入其中。

步骤 3　释放

我知道这听起来很含糊，但在实施 AFRA 工具的这一点上，你所需要做的就是放下旧伤口。通过充分感受被埋藏的情感，然后将其从你的系统中释放出来，这样你就驱除了被冻结的痛苦。然后它就会开始脱离你的身体，使你更加自由。有时释放需要几分钟或几个小时。有时被困住的情感包袱更大，需要更长的时间来解决它。相信这个过程。要知道，当过去的伤痛被清除时，你正在经历一次重大的愈合。这个练习会让你更了解自己的天赋，更亲近自己的力量，更熟悉自己的勇气，更清醒地认识自己的活力，更相信自己的直觉，更接近自己爱的本性。直到永远。

步骤 4　上升

每次你运行这套情感净化程序，都有一个回报：让你前进得更远、更好。每次你使用 AFRA 工具，释放一些曾经被忽视的有害物质（顺便说一下，其实这些不完全来自我们过去所遭受的伤害；也有一些来自我们对待他人的方式所带来的内疚、羞愧和遗憾），正是这些有害物质影响了你的表现，让你的心无法在一个超越一切理性的层面上去爱。于是，伤害领域变得不那么密集了。你会感觉更轻松。你会越来越接近无限的快乐，不受束缚的优秀和精神上的自由，这是你的天性。你会体验到更多的能量和自信。每天继续练习这个方法来应对生活中出现的任何“问题”，你很快就会发现生活从来没有真正阻碍过你。电话中所发生的一切都在帮助你提升，助你找回最初的天赋。

对于保持这样的情感工作，有时你可能会感到很困难、很混乱。但与此同时，地球上很多人的情绪系统中存在的巨大的自我厌恶（由我们所否认的所有负能量感觉聚集而成）将会稳步消失。

自然而然地，希望、感激、喜悦、共情、同情、勇敢、鼓舞和敬畏等更高层次的情感会开始逐渐占据你的内心，使你与你天性中更高的力量和平凡的伟大重新结合，这是你的本质，也是你最好的模样。

是的，治愈你曾经敞开的心扉会让你成为一个伟大的大师。这项实践是一条提升自爱的直接途径，它激励你实现你的道德抱负，展现你的天赋，尊重自己，让我们的世界变得更美好。这一切都是因为你的光芒。

事实上，恐惧的声音（也就是你的自我）声称这每一种情况都是糟糕的，然而，这些实质都是一种祝福，它将帮助你提升为艺术强者、高效巨人和常人英雄，而这正是你的生命召唤、要求你成为的人。当你通过明智地利用发生在你身上的一切，作为转变为一个战士、智者过程中的一部分，稳定地释放你所有的情感杂质时，你将重新唤醒你小时候、在世界让你封闭起自己之前、在世界使你忽略掉自己的魔力之前，就知道的奇迹、威严和能力，以看到你的所有可能性。

48

我从达·芬奇的私人笔记本中学到的东西

在一个难忘的下午，我漫步在春日罗马的街道上（我真的太爱这样做了）。那一天，我躲进了一个位于罗马人民广场边缘、很容易被错过的博物馆。它外面有一个简单的标志，宣传里面有一场达·芬奇的作品展览。

达·芬奇是一位多领域的艺术大师，他在建筑、绘画、解剖学、雕塑、工程和飞行学等领域都有着杰出的作品。

这位极富创造力的大师，他的生产力显然是非凡的。正如著名的传记作家乔治·瓦萨里（Giorgio Vasari）所写的那样："似乎是以一种超自然的方式，一个人被上天赋予了如此丰厚的美丽、优雅和天赋才能，以至于他的每一个行为似乎都是神圣的，他所做的一切都好似来自上天，而非人力所能企及。"

然而，当我穿过博物馆，看着他发明的仪器和各种作品内部的图表，对他精心保存的私人笔记本中的蚀刻画、标记和文字仔细研究了几个小时后，一个深刻的见解逐渐变得非常清晰：他身上所谓的"天赋"，与其说是遗传的恩赐，不如说是自律的结果，是他日复一日不断地提高改进，保持严格的纪律、奉献精神和训练的结果。

最伟大的艺术家、建筑师、发明家和领导者都不是与生俱来就具备这种技能的。他们的精通确实是自己造就的（正如我在这本书中所尽力证实，以希望你可以一放下这本书，就把它当作默认的信念那样）。

这位杰出人物日复一日地（充满激情地）痴迷于研究那些不起眼的小学问，而这些小学问将有助于我们提高感知、优化技能，日后进一步地提升我们的文明。

他自学了鳄鱼下颚的工作原理、小牛胎盘的性质作用、啄木鸟舌头的解剖结构，以及月光是如何在寒冷冬日的晴空下照射出来的。

他明白，卓越的创意领袖需要细心的专注、像马一样的努力和非凡的坚韧，而不是优秀的基因、名校，也不是良好的社会关系背景。

在他的一本笔记本中，达·芬奇写下了他对水流物理性质的来之不易的 730 个理解。另一页则展示了 169 个试图变圆为方的精确版本。另一张潦草的单子则显示了他发现的 67 个用来描述流水的单词。

达·芬奇在工作时不知疲倦。他也像所有的创意人员一样浪费了大量的时间（这不是对资源的滥用，这是在孵化你下一阶段的想法）。真正的专业人士相信他们效率的天然节奏，将惊人的强度与深度的恢复交替进行，从而使他们的能力在一生中得到扩展，而不是经历一次闪亮后而迅速熄灭。

我对这位大师的作品思考得越多，就越有灵感。我对这位伟人惊人的作品观察得越多，就越清楚地认识到：我们每个人都有惊人的才能，这些才能经过不懈地培养和完善，也会使我们创作出那些在没有经验的人眼中会被视为天才的作品。

让我们来看看成就达·芬奇，使其成为别人眼中的艺术大师的六个日常习惯。

习惯 1　他把事情写下来

你写下的东西会在你头脑中被清晰地放大。清晰的思维孕育着精湛的生产技艺。在你追求卓越的主题下写下各种各样的日记，是提升你的想法、捕捉你的灵感、在纸上想象和记录你不断增长的知识的有效方法。

习惯 2　他发掘了自己天生的好奇心

我永远不会忘记那一天，我和我的总是令人惊奇的女儿从我哥哥家里拜访归来。当时，她年仅五岁，静静地坐在汽车后座上，当我沿着高速公路驾驶时，她抬头望着广阔的蓝天。看到一团云，她兴奋地说：“爸爸，看，天空中有一头狮子！”当我们还是孩童时，我们对自己的艺术才能很亲近。不幸的是，当我们把玩乐的时光抛在脑后，我们中的太多人失去了自己的天性和本心。因为我们变得严肃了起来，变成了成年人。巴勃罗·毕加索（Pablo Picasso）说：“我花了四年时间才能画得像拉斐尔，但我花了一生时间才能画得像小孩子。”

习惯 3　他非常有耐心

超强的耐心是所有世界级大家的行为方式之一。当达·芬奇创作《最后的晚餐》时，他的习惯是长时间坐在画布前，只是盯着这幅画：研究整幅作品，以及错综复杂的细微差别。然后他会站起来，画上一笔，随后走开。这种状况，有时会持续数周。南非艺术家莱昂内尔·斯密特（Lionel Smit）是当今在世的最杰出的艺术家之一，他也在做同样的事情。（如果你有机会能够买到他的画，那就去买吧。）

习惯 4　他融合了多个学科

达·芬奇把他对飞行学的学习与对艺术的热爱结合在一起，把他对工程的沉浸和对雕塑的执着结合在一起。他所谓的天赋实际上在很大程度上是他在许多不同兴趣领域的高度专注和彻底创新的结果。参与多学科会让你把别人看不到的点联系起来。

习惯 5　他享受休闲时光

达·芬奇曾写道：“具有崇高天赋的人，有时在工作最少的时候成就最大。”他取得惊人成就的诀窍之一，就是让自己能够有时间做梦、玩耍和生活。在办公室里，很少会出现颠覆性的和史无前例的见解。所以，去旅行，去探索，去享受，去休息吧！

习惯 6　他崇拜自然美

我们文明中的许多顶级幻想家都在野外度过了相当长的时间。在树林里散步；在海边小屋里度过漫长的时光；在安静的夜晚仰望星空。在我看过的一部关于希腊航运业大亨亚里士多德·奥纳西斯（Aristotle Onassis）的纪录片中，我发现，当他在游艇上招待的时髦客人都睡去后，奥纳西斯会独自留在甲板上，啜饮着干邑白兰地，抬头仰望天空，思考问题，激发灵感，以发展他的商业帝国。

亲近大自然是一种由来已久的放松身心的方式。这样你的聪明才智才能够得以流淌。

当我接近博物馆的出口时，阳光穿过外面的鹅卵石街道，我发现了达·芬奇的这句语录，我想分享给你们：

我爱那些在困难时能微笑的人，那些在痛苦中能积聚力量的人，那些通过反思能变得勇敢的人。心胸狭窄的人会退缩，但是那些内心坚定，以良知支持自己行为的人，会追求自己的原则，至死不渝。

这段话很美，不是吗？

49

“不去尝试，怎么会赢”的态度

这是一个很简单的道理：如果你不去尝试，你就不会赢。

我们经常会有一个宏大的理想。一个能使我们的职业生涯进入一个全新轨道的理想。一个能让我们的生活更上一层楼的理想。一个真的会让我们感到完全觉醒（并且最接近我们的奇迹）的理想。但是，猜猜接下来会发生什么？理性的声音占据了上风，而在它的下面往往生活着一种叫作恐惧的情绪。

我们开始设想所有可能发生的事情，并认为这些事情肯定会让我们失败。

我们开始担心自己是否有能力实现梦想、实现抱负、实现成就。

我们开始诱骗我们奇妙的兴奋之情，让我们相信它们不再值得我们关注。

最终，那个让我们心花怒放、精神振奋的奇妙而大胆的想法似乎变得愚蠢和可笑。所以我们没有采取行动。事实上，我们甚至都没有尝试过。

想象一下，一个运动员想要赢得比赛，但他甚至没有参加比赛。想象一下，一位业务经理想要将她的团队带成世界顶级，但甚至没有出现在第一次策略会议上。想象一下，一位才华横溢的发明家打算彻底颠覆他所专长的领域，却没有采取一点行动。

在你行动之前什么都不会发生。如果你一直等待，你永远不会成为头条人物。

命运会奖励先发选手。有动力的人才会有好运。如果你让自己被冷漠麻痹，你就永远不会知道胜利是什么滋味。

在我自己的生活中，当我发现自己抗拒首创的时候，我就会重读印度大圣哲帕坦伽利的这段智慧箴言：

当你被某个美好的目标、某个非凡的进程激励，你所有的想法都会挣脱束缚。你的思维超越了局限，你的意识向每个方向扩展，你会发现自己身处一个新的、伟大的、精彩的世界里。蛰伏的力量、能力和才能变得鲜活起来，你会发现自己比自己梦想的还要伟大得多。

所以我热情地支持你：

永远不要放弃一个伟大的想法，永远不要不采取行动，要使它变为现实。

永远记住，提出要求是不会有害的（最糟糕的情况不过就是你会听到一声“不”，而这只不过是形成中的一声“可能”）。

当失败的想法和感觉出现时，不要失去勇气。

要知道并相信，失败、受拒是平凡英雄对他们自己的天赋和伟大保持诚实所需交纳的学费。如果你等到自己有足够的资格、足够的技术、足够的信心再去追求自己想要的东西时，那你可能要等很长、很长时间。

完美的条件是不存在的，等待它们的通常都只是一个借口，因为你真的、真的害怕着手开始。

你可能会说：“但是罗宾，如果我的尝试失败了怎么办？”

我会温和地回答：“如果你不尝试呢？之后，你会在悔恨中度过余生，为可能发生的和应该发生的一切耿耿于怀，无法看清自己的真实面目吗？”

波兰诺贝尔奖得主维斯拉瓦·辛波斯卡（Wislawa Szybolska）写道：“只有在经历过考验的时候，我们才会真正了解自己。”

伟大成就之神崇拜那些发起他们富有远见的冒险的人，奖励那些步入竞技场的人。

你知道，当你专注于内心的渴望和光明的梦想时，你就不可能失败。如果你得到了你想要的，你就赢了。如果你没能得到，你也成长了。

50

有意为之的训练才会让你变得更好

今天早上早些时候，我在上健身课，然后才回到我下榻的城市酒店房间，为你写下本书的这一部分（是的，我需要去很多不同的地方，以保持我的创造力、精力和灵感的水平高度；缪斯女神总是热爱多样性）。

日出后，我去健身房上健身课，在那里，我们举重，做了几组俯卧撑，做了几组平板支撑，几乎把前一天残留的汗液都排光了。

对我来说，这真是太棒了。

在这个特殊的集体训练中，动作需要随着舞曲的节奏进行。

我们的想法是将这些练习作为一个编排好的整体来进行，这样每个人都能步调一致。所以我们都变得团结起来。我们是一体的。

在开始上课时，教练向一位同学表示祝贺。她高兴地宣布："这是乔尔的第 1000 节课。"

乔尔笑容满面，加快了步伐，充满激情地举起了他的哑铃。

但事情是这样的……

在整个课程和每次练习中，这位荣誉获得者完全不合拍，完全不同步，运动能力也不强。

但他表现出了上 1000 节课的决心、意志和毅力。真是太棒了，真是太好了。这部分做得很好，乔尔！

然而，我确实觉得很有趣，在所有这些课程之后，他仍然没有表现出对于教练所教授东西的哪怕一丁点的掌握。

这告诉了我们什么？不要混淆里程和精通；投入的时间并不必然带来技能的优化。

真正的原则是什么？有意为之的训练才会让你变得更好。

安德斯·埃里克森（Anders Ericsson）是研究卓越表现的先驱。

我第一次读到他和他的《一万小时定律》（*10 000-Hour Rule*）是在25 年前，早在这个概念被其他作者熟知之前。“一万小时定律”来自埃里克森对精英运动员、国际象棋天才、音乐家和其他创造性天才的研究。它指出，一个人需要投入大约一万小时的训练，才能开始呈现出世界级表现的第一个迹象。

埃里克森还首创了“刻意练习”这一术语。他的研究证实了这一点，这一点非常重要，需要注意的是，仅仅在长时间内围绕某一特定能力进行训练并不一定会导致精通。伟大者之所以如此突出，是因为他们致力于某种特定的实践。

当高级表现者展示他们的才华时，这个环节正是为了提高他们的技能而设计的。他们训练的目的很明确，就是逐渐变得更好。每一次练习都很重要，因为这是他们生动想象的理想的垫脚石，他们想在自己所做的事情上成为传奇。

在每次体能训练中，每一个微小的进步，如果持续一段时间，就会累积成一场专业知识革命。微小的、故意制造的胜利最终会变成重大的行为转变，而那些投入优化他们关注领域的日子，会毫无疑问地演变成数十年的领域主导地位。这个过程是有意的、深思熟虑的，而不是随机的、偶然的。

如果运动员只是出现在场上，进行训练和比赛，而没有有意识地提升自己的力量，他们是不会上升到更高的一个层级的。

那些只是走进画室，像往常一样作画的画家，并没有完善他们的技艺，也不会提高他们的能力。

脑外科医生在职业生涯中只做了更多的手术，永远不会成为名医，他们就只会是普通的脑外科医生。

因此，未经仔细校准和充满热情地去提升你的能力和精通程度的练习，就不是真正的练习，充其量只是简单地调用它。

就像我健身课上那个大汗淋漓的男人。那个我由衷地为他的第 1000 次课鼓掌的那位男人。

51

你优点中的黑暗面

每一份恩典，都附带着一种诅咒。莎士比亚悲剧中的每一位英雄角色，都有着成就他们伟大的特殊才能，但同时也都携带着致使他们失败的悲剧缺陷。

那些能够使我们超凡脱俗的上苍恩赐，也会给我们造成同等程度的悲伤。你的每一个优点同时也包含着相对应的缺陷。人类就是这种二重性的专家。

以下几个例子可以使你更清晰地认识到这一点：

批判的眼光能够使一个人创作出自己的杰作，让他们自己闪耀光芒，但同时也会使他们对别人的缺点指指点点，并变得高度敏感，能够注意到环境中的每一个不完美之处。这会致使他们怨天尤人，并在沮丧中浪费大量时间。

在这个很少有人能挣脱分心和干扰、交出令人敬畏成果的时代，完成大事的激情往往也会带来“对他人极度缺乏耐心、对自己要求极其苛刻”的悲剧性缺陷。

让你的作品如此真诚、优秀和有力的艺术坚持，也会使你狂热地追求作品臻于完美，导致其他人觉得你很麻烦、很难相处。

痴迷于达到大师级的标准，不断提高技艺，精益求精、追求卓越，这同样会让你永远都对当下自己取得的成就感到不满。

过度自信于自身热切的努力和卓越的能力，秉持着“自己永远不会犯错”的错误信念，这很可能使人掉入傲慢的陷阱。

超强的竞争力可以让你登峰造极。但如果不对此加以控制，它就会破坏你身边良好的人际关系，在周遭营造出焦虑的氛围，并严重侵蚀你宁静的生活，因为一切都变成了一场场的竞赛。失败则会摧毁你的自我认同。

通过无止境的练习，把自己联结起来，成为一个勤奋的工作者，这会带来巨大的生产力。然而，正是这种品质阻碍了你享受生活中的小快乐，阻止你平静地栖息在你赢得的喜悦之中。因为你已经上瘾了。你已经忘记了如何沉寂无声。

令人惊叹的成功所需要的自律也会产生灵魂所讨厌的僵硬、机械的行为。

那么，这一切是否意味着你应该回避你的卓越，阻塞你的才华，忽视你的天赋从而破坏你的杰作？还是要放缓你对你自身魔力的追求呢？

当然不是。

事实上，你与生俱来的天赋都伴随着代价和缺点，这只是意味着我们每个人（无论是作为创造者、生产者，还是领导者）都需要让我们的意识清晰，对那些无益于我们（和我们周围的人）的行为保持清醒，并以一种聪明、负责任和精确的方式管理这些不理想的行为。

发挥你的天赋，运用它们来取得最高的成就。永远做一个有非凡能力的人，一个真正的、为世界工作的（是的，你为整个世界工作）、有魔力的工作者。由此，请允许我恭敬、谦卑地建议你，永远不要让你巅峰能力的阴暗面打败你的积极性、道德和灵性。

因为，最好的自己值得成功。

52

成功三步诀

如果你曾关注过我的工作，那你应该知道“2x3x 思维准则”（the 2x3x mindset）。

简单地说，该准则建议：“如果你要想让你的收入和影响力翻番，那你就必须把你在‘你的自我超越’和‘你的专业能力’这两个核心领域的投入增至三倍。”

教育确实是躲避纷扰的疫苗。学习最多的领袖才能胜出。

因为你知道得越多，你就能做得越好。知识如果运用得当，就可以产生非凡的力量。你不必成为最优秀的人才来引领你的领域、过上万中无一的生活，你只需要成为最好的学生就可以。

苏格拉底说：“教育不是灌输，而是点燃火焰。”

爱因斯坦说：“智慧不是学校教育的产物，而是终生努力追求的结果。”

在卓越成长的主题课上，我教授了一个模型，来自世界各地的《凌晨 5 点俱乐部》的读者都发现，这个模型对提高领导力、生产力和积极性非常有帮助。在此，我愿与大家分享“成功三步诀”：

这个框架背后的主要论点就是，有了更好的日常意识，你就能让自己在日常生活中做出更好的选择。当然，当你开始做出更好的日常选择时，你会自然而然地开始体验更好的日常结果。简单地说，成功的三步公式就是：更好的意识孕育更好的选择，更好的选择带来更好的结果。

你学到得越多，你的意识就会越强，你就会拥有越大的智慧，成为那种能做出更明智抉择的人。更强的决策能力保证了更多非凡的成果。

日常英雄主义的框架　成功三步诀

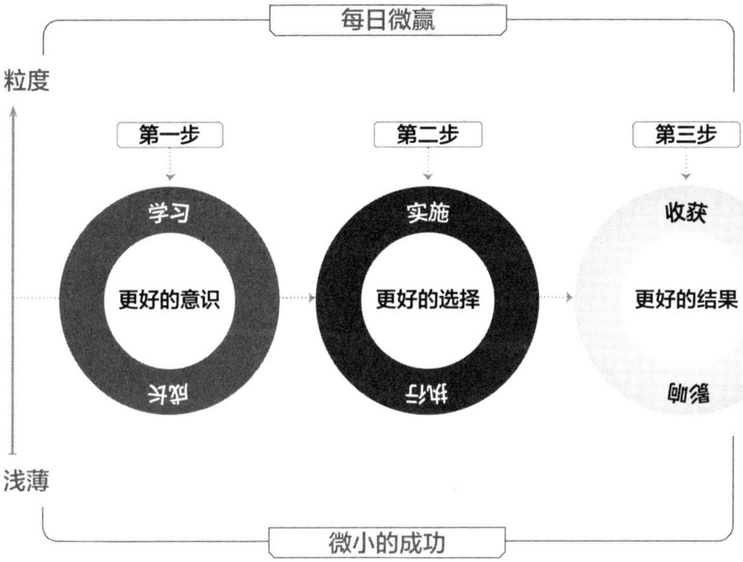

举一些例子：

了解世界上最长寿的人吃什么，你就会有新的意识来做出更好的日常选择，从而在你的精力、活力和长寿方面产生更好的日常结果。

研究史诗级艺术家的最佳习惯，你将获得非凡的洞察力。在你执着地采取行动时，这种洞察力将放大你丰富想象的结果的美。

阅读有关超级富豪的心理、情感、仪式的书，你将拥有一种不同寻常的意识，从而为你带来更好的财务结果。

探索那些商业帝国的缔造者用来建立伟大公司的方法，你就会不断地学习到他们的那些智慧，随着日积月累，这些智慧将足以造就出一家世界一流的公司。

探索伟大的精神大师是如何取得成就的，并通过专门的学习，你也能获得他们所栖居的状态。

是的，教育如果运用得当，会提供巨大的创造力。（相反，如果只有构思而没有执行，则会陷入危险的妄想。）

可视化模型垂直轴上的“由表及里”箭头也很重要。研究任何精英的表现，你都会发现他们在自身的专业领域，绝对不会是肤浅的。他们对少数几项事情了解很多。随着他们在掌握技能的过程中不断前进，他们的手法也会变得越来越精细。

科学家查尔斯·达尔文专门研究藤壶长达八年之久。这种痴迷对于他博物学家的生涯至关重要，也是他后来能够提出改变世界的进化论的核心。

获得“世界最佳餐厅”称号的麦迪逊公园 11 号餐厅的经理要求所有员工将餐具上的餐厅标志朝向特定方向摆放，尽管该标志在盘子的下面，用餐者根本都看不到。但人们认为达到这种细节程度可以使服务从一开始就处于最佳状态，从而使随后的服务也能同样细致、精确。

一级方程式赛车锦标赛的车队会对维修区的车库地板进行真空化处理，这样就连一个碎片分子都无法进入赛车的发动机，从而避免灾难的产生。

以下是我自己生活中的一个有点奇怪的，关于坚持终生学习，以获得更好的日常结果的例子（但直觉告诉我，我应该与大家分享）。

我最近很喜欢吃西兰花，甚至可以说是有些痴迷了。

在看了一个播客视频后，我开始着迷于西兰花中含有的一种叫作萝卜硫素的化合物的奇妙好处，其中包括可以中和身体毒素，减少自由基，降低炎症水平和增强大脑功能。

但在本地食品杂货店的蔬菜区里面看到的那种新鲜西兰花对我来说个头太大了，很难吃下，每次吃就像在往嘴里塞砖头。我的家人也有同感。每次我做西兰花都会得到他们的“一星”差评。真的。

所以我继续实验，坚持不懈地寻找一种完美的解决方案，既能给我们带来吃这种蔬菜的好处，又不会让用餐体验很差。最终，我买了一袋冷冻西兰花。

我买它是因为它外包装上的图片看起来小一些。它们的花头看起来不会像我的头那么大，茎秆看起来也不会像埃菲尔铁塔一样粗壮。似乎这样的西兰花更适合我们，至少能够让我收到“三星评价”吧。

我把它带回家，解冻，在锅里煮熟，加了一些鳄梨油，一些新鲜的大蒜，一点姜黄和西班牙洋葱。然后撒上一点喜马拉雅海盐和黑胡椒。我把它作为了当晚晚餐的一道美味配菜。我的家人们都很喜欢。

但随后我想到：冷冻西兰花和新鲜西兰花的萝卜硫素含量相同吗?

在做了一些研究后，我的研究结果告诉我：冷冻会破坏西兰花中的萝卜硫素。或者更准确地说，阻止了萝卜硫素的释放。

但是，通过一些积极的阅读，我还是发现了其中的一件好事……

将西兰花解冻后撒上芥菜籽或混合一些第戎芥末，就会产生黑芥子酶。然后引发化学反应，提高萝卜硫素的生物利用度。很酷，对吧?

我喜欢学习这些。我很高兴能填补这个漏洞。看到学习的力量了吗?看到“成功三步诀”的价值了吗?（擅长研究是另一个巨大的竞争优势许多人愿意投入注意力、激情和时间来仔细研究某件事。）

这些更高级、更细致的信息培养了我更好的意识，让我在健康问题上为自己和家人做出了更好的日常选择，从而也带来了更好的日常结果。

也许这是一个奇怪的例子。

但我希望“成功三步诀”现在能够对你来说更有意义。因为当涉及提高技能、改善习惯或者一些其他生活中的重要领域时，它都是非常非常有效的。

53

当我面对困难时，我会想些什么

我曾经是一名跑步者，但后来由于受伤，就不再跑了（除了在跑步机上；如今看来，我猜我也还算是一名跑步者吧）。

总之，我有一本很喜欢的书，是村上春树写的，他是日本著名小说家、马拉松运动员，也是彼得猫爵士酒吧的前老板。这本书的书名叫作《当我谈跑步时，我谈些什么》。

在本书的这一章中，我想把他的话转换成一个新标题，叫作“当我面对困难时，我会想些什么”。我将向你介绍我在心理和情感上反复练习过（已经达到了自动化程度）的九个核心信念，这些信念都有助于我战胜逆境。勇敢无畏生活的本质意味着你将经常面对动荡，有时甚至是严重的痛苦。因此，发展你在驾驭风暴方面的专业知识将会是十分有意义的。

好的，让我们开始吧。

信念 1　一切都会过去的

一切都会过去的。许多年前，我经历了一场痛苦的离婚，一位受人尊敬的导师教会了我这样的智慧，让我在危机中收获一些安慰。这几个字似乎没有什么特别的。然而，它们确实有用（我仍然非常感谢这位导师慷慨的建议）。对我来说，它们就像是涂抹在疼痛处的药膏，提醒着我，我有着更加光明的未来。还有一个事实是，艰苦的经历肯定不会一直持续，但有耐心、坚定的人一定能够长久。

信念 2　每个看起来很糟糕的情况最终都会有好的结果

哲学家亚瑟·叔本华曾提到过这一原则，他认为生活是有远见的，但往往只有在事后我们才能够理解。

只有当我们回顾过去时，我们才能把生命中的点点滴滴串联起来，看清发生的每一件事都是为了我们最高的利益和最好的成长。在最艰难的时候，我们认为是负担的东西，随着时间的推移，最终都会变成一种祝福。这会极大地改善我们的生活。请永远不要忘记这个想法。它让我受益匪浅。

信念 3　如果它能帮助你成长，那就不是问题，而是奖励

对我来说，充实生活的主要目的是治愈我们古老的创伤，充分发挥我们与生俱来的才能，提升我们被塑造出的一切，同时尽可能多地帮助他人。这句话有点长。但它说出了我所深信的真理。

在我们“地球大学校”里的主要学习目标之一，就是利用你所经历的每一种情况，把软弱变成智慧，把恐惧变成信仰，把痛苦变成不可征服的力量。是的，在重拾失落的英雄主义的过程中，以及在变得更强大、更勇敢、更高尚的过程中，总是充满了许多混乱、不舒服和困难的时刻。

然而，当我的生活看起来最糟糕的时候，我却成长得最多。

多亏了我的麻烦，我才知晓了我的美德。苦难是锻造勇气和坚持、耐心和温柔、宽容的乐观精神和为世界工作的奉献精神的火焰。这些无价的好处不是在安逸的日子里得到的，而是在我最为痛苦的时候得到的。它们是命运赐予我的奖励，奖励我坚持直面困难，并将困难转化为治愈、净化和精神上的提升。一切“自我”声称是“消极”和“问题”的事物，它们出现在你的生活中都是有非常积极和非常有用的原因的。你只是尚未看到回报，因为你还没有觉察出。你注定要充分体验你所承受的一切，而后，随之而来的无限祝福就会随之涌入你的生活。

尼采写道："那些杀不死我们的，只会让我们更强大。"我的生活经验告诉我，他是对的。

信念 4　逆境会考验我们到底有多渴望梦想

俗话说："当生活变得似乎很艰难，你想知道为什么时，请记住，在考试时老师总是很安静。"

生活给了你我这样的希望主义者、例外论主义者和可能性主义者失望和不舒服的经历，来衡量我们对最宏伟的目标及大多数美好理想的承诺。

当命运给我一个曲线球时，我能顺利接住。这多亏了我多年来的祈祷、冥想、想象、自我暗示、写日记、深呼吸和与精神导师共同成长。我现在更能记住，一个问题只有在被视为问题时才会成为问题。所以我深深地吸了一口气，卷起袖子，开始展现出我着手处理时的情境。

信念 5　混乱带来机遇

在我 30 岁出头的时候，我读了拿破仑·希尔的经典著作《思考致富》。那本书改变了我的一生。（顺便说一下，那不是一本关于赚很多钱的书，而是一本关于如何动手打造丰富生活的专著。）

希尔的一句话一直萦绕在我的脑海里："每一次不幸、每一次失败、每一次心痛，都会孕育对等的或者更大的成功。"

当事情变得非常困难时，我鼓励你转变为一个机会寻求者。问问自己怎样才能从挫折中获益，发挥自己的最大能力，化灾难为胜利，把表面上的失败改造成比以前更美好的生活。这便是战士的行事方式、重量级人物的应对表现。

信念6　英雄诞于艰难时期

英雄不是在稳定时期中产生的，而是在艰难时期孕育的。

曼德拉在罗本岛成了曼德拉。

罗莎·帕克斯在遭受虐待时成就传奇。

马丁·路德·金在与种族主义的斗争过程中成为了马丁·路德·金。

甘地在与英帝国斗争的过程中成长为甘地。

那些试图摧毁你的东西，也会给你一个改变生活的机会，让你了解自己看不见的优点，同时培养新的技能，这些技能将为你的余生服务。小说家詹妮弗·德露西巧妙地阐述了这一观点：

> 但拥抱混乱也带来了一种特殊的礼物，即使我大部分时间都在咒骂。但我同时也相信，当一切都被抹去时，这是生活迫使你去熟悉和意识到你现在是谁，你可以成为谁，你的灵魂渴望什么。

信念7　没有冒险的生活就不算是真正的生活

一个伟大的好莱坞故事需要悲剧和胜利，失去和爱，以及一个最终输给有缺陷的胜利者的黑暗反派。

到目前为止，这就是我人生的写照。可能你的英雄故事也是如此。

爬得越高，跌得越惨。更多的风险，更多的失误。更多的影响和冲击，更多的落井下石者和暗箭伤人者。人生这项运动就是这么进行的，对吧？

然而，我宁愿勇敢地去实现那些雄心壮志（即使失败）也不愿在人生的最后一天到来时，因为突然意识到“我只是在看台上观看比赛，没能参与比赛”而充满遗憾和愤怒。

真正的失败是选择不去全力以赴，而用世界给予你的天赋去做小事情。流血只是胜利的一部分，所以把你的伤口当作英勇的勋章吧。

信念 8　生活总会支持你

即使你感觉不到有更高的力量在保护你、你的守护天使在注视你，他们也依然在默默地守护你。事实上，在你感到最孤独的时候，你离巅峰自我的天堂也就最近。（还要记住，自我在离消散最近的时候尖叫得最大声。）

我发现灵魂上的黑暗之夜，其实是一场信仰之行。换句话说，它们在完美的时间里出现，帮助你相信有一种比你自己更强大的力量。当我生活中的事情看起来要完全崩溃时，它们其实（和我）只是在以我事后才意识到的、最美妙（也是最聪明）的方式重新排列组合。

这样我就更容易去相信，无论发生什么，都是为了我的利益最大化。

这样，我自我的一面就不会有那么多的发言权，我英雄的一面则会有更清晰的声音。

这样，恐惧就会变成自信，痛苦就会懂得平静，自私就会学会给予的艺术。

因此，我将放开对一切未来发展的控制，学会允许一个高于自身的智慧，引导我去对我来说最好的地方。

我相信生活就像一场看似由随机事件组成的神奇交响乐，而这些事件绝对是为了你最大的进步，也是为了你最大的收益。所以当它真的带你去一个更好的地方时，为什么要与它抗争呢？简单地拥抱它。享受这段旅程吧。

信念 9　人生短暂，不要把悲剧看得太严重

在过去的几十年里，我一直在努力训练自己。我还有很长的路要走，还有很多东西要去学习，还有很多弱点要去弥补，还有更多的不安全感要去释放。但是请允许我这样说一句：我对自己所取得的进步感到很满意。

正如我之前和你们分享的，我的奋斗带给我的最有价值的一课就是能

够在最难受时得以慰藉。我已经练习过很多放手的方法了。艰难的时期让我学会了脱离结果。尽人事，听天命。我要建立一个不可征服的内心，使我的快乐、平和与自由不依赖于外界的任何东西。

我仍然在乎（有点在乎，但肯定比以前少多了）别人对我的看法。我仍然渴望在社会上做些大事，我在世界上所取得的成就也在一定程度上激励着我。当有人对我不好时，我仍然会感到刺痛。但其实也没那么多，比我年轻的时候少多了。我的自我意识也更小了。

我会更深入地讲……

仍然有一团火在我的心中，我有极大的野心。但我现在的雄心壮志与以前完全不同了。围绕的事物也不同了。

我雄心勃勃地想通过自我超越来提高我的水平，并安静无畏地来提升我的技艺。

我雄心勃勃地想要变得不那么需要认可、掌声和欣赏，变得更加谦逊、坚定和忠于自身。

我雄心勃勃地要激励、鼓舞和保护我的家人，改善环境，把更多的自己奉献给那些让我感动的事业，比如减少文盲，帮助麻风病儿童过上更好的生活。（这是一种极为悲惨的痛苦，对于一个小孩子来说更是如此。）

我雄心勃勃，想要用我的余生轻触大地，为所有人着想，尽我所能做一个忠诚的公仆。

我雄心勃勃地想要加深我与造物主之间的关系，通过探索我的内心世界，而非通过我在外部世界的广泛旅行，来获得更多的快乐和兴奋。

这种哲学（我的道德指南针，我高耸的精神灯塔）是由心碎锻造而成的：被我信任和我爱的人的背叛；被我曾经帮助过，也慷慨地对待过的人伤害；被那些我真心支持过的人击倒。但它也使我打开了心扉。所以，我怎么敢贬低这些刻薄、优秀而睿智的老师呢？我怎么敢说我经历的所有困难都是一场场残酷的战斗呢？它们实际上不过是一个个组织完美的训练营，把我塑造成一个更好的自己。我以积极的态度看待这一切。

我不再把这当回事了。

当然，我也经历过一些真正的恐怖。然而，当朋友向我分享他收养的树懒的最新情况时，我仍然会笑；当看浪漫喜剧时，我仍然会哭；我仍然知道，我只是一个相当微不足道的人，在历史的圣殿中不会有自己的一席之地。我不是什么特别的人。

即使你把自己看得很重要，别人也不一定会把你当回事。

人生在世，不要包袱太重。我喜欢生活在其中，但我不需要用它的回报来过上令人满意的生活。我喜欢我所做的事情、我所获得的好处和生活所带来的礼物。但它们绝对不能定义我。我的自我意识、运作核心和力量基础越来越多地源自我的内在，而不是外在。

这给我带来了极大的宁静。那是我真心为你祈祷的那种平和。

事实上，过去的一次试炼带给我的最光荣的礼物之一就是，即使我失去了我所挣得的一切和我所拥有的一切，我仍然可以过得很好。现在，我很感激那个“悲剧”。因为它解放了我。

在我们结束这一章时，最后引用一句话。我认为这句话值得你关注。我相信它会在你失落的时候给你希望和力量。这是约翰·列侬（John Lennon）的一句话：“每件事到最后都是好事，如果还不是好事，那就说明还没有到最后。”

54

为什么我要赞扬令人心碎的乡村音乐

我曾经在飞往巴黎的航班上坐在一位艺术家身旁。

他说了这样一句话："我选择那些让我心碎的女人，这对我的艺术有好处。"

这句话属实是把我逗笑了。但随后也使我深思。

伟大的创造力需要高度的敏感，而高度的敏感源自你与你的情感、感觉紧密地联结在一起。

没有一件杰作是由一个故步自封的工匠创造出来的，是人心使魔法变为现实。

我用来打开通往我最崇高的创造力大门的方法之一是战略性地使用音乐。

我为我的每一个艺术项目制作音乐播放列表。而且我经常选择那些深入挖掘忘却已久的伤痛的乐曲，因为创造性的金山就堆在其中。苦难对任何艺术家来说都是肥沃的土壤，孕育着你最自由、最真诚、最无限、最有影响力的作品的种子。

当我为你写下这一章文字的时候，我正在听一首令人心碎的乡村音乐。

就是你知道的那种。那位歌手唱着他喝了太多的威士忌，后悔着过去没能像现在想念你一般爱着你，以及怀念那些在皮卡车后备厢上喝着百威淡啤虚度的青春时光。

那么，为什么我要遵循这种古怪的提高效率的做法呢？你想知道吗？

因为音乐真的能打开我的心扉。它让我的灵魂充满了一种超越理智的智慧和超越日常的灵感，这提升了我的技艺，使我整个人更加通畅。

正确的音乐能够激发你、我及其他所有具有创造力的人的灵感。一首好歌能让我打开心扉，让我前进，偶尔，伴随着特别的旋律，以最微小的方式伤透我的心。这种破裂对于我的欣喜及我想要传达的艺术很有好处。

作为不朽事业始终如一的缔造者，你的工作是与你体内的恶魔战斗，杀死你心中的恶龙，与限制你梦想的谎言做斗争。好的音乐可以帮助你做到这一点。

有人说音乐是最强大的魔法。

我相信这是真的。

55

眨眼写书的病人

让 - 多米尼克 · 鲍比是一个热爱上流生活也拥有上流生活的人。

作为法国 *Elle* 杂志的主编，他钟爱跑车，喜欢美食，重视他的那些有权有势的朋友。

后来，当他和他的小儿子泰奥菲尔在巴黎郊外开车时，他突然患上了严重的中风，使他完全瘫痪。

全身上下，只剩左眼皮还能动。

这种被称为“闭锁综合征”（或假性昏迷）的病征并没有影响他的思维，他的思维非常清晰，足以记录他的经历。

为了让他能够交流，他在贝尔克苏梅医院的治疗师教给了他一种叫作无声字母表的编码，通过眨眼，一个字母一个字母地组成单词。使用这种方法解释哪怕是最简单的需求，其过程都是无比艰难而痛苦的。但鲍比做到了，他在残酷的逆境中表现出了非凡的英雄主义。

他决定在回忆录中分享他的情况、他对生活的思考及他对人类状况的反思。由此，在几个月的时间里，为了完成这本回忆录，他眨眼了 20 万次，由一位值得信赖的助手将其记录整理成文字。

他的作品《潜水钟与蝴蝶》成为一部畅销书。下面是书中的一段话：

我的胃里插着一根管子，两到三袋棕色的液体为我提供了我每天所需的热量。为了找点乐趣，我不得不求助于对味道和气味的生动记忆……曾经，我是回收剩饭剩菜的大师。而如今我在培养一种酝酿记忆的艺术。你可以在任何时候坐下来吃一顿饭，不需要大惊小怪，也不需要什么仪式。即使是“下馆子”，也不需要提前打电话预订。

作品发布两天后，鲍比死于肺炎。他为我们留下了一段难忘的回忆，这正是积极性、可能性和人性最充分表现的难忘见证。

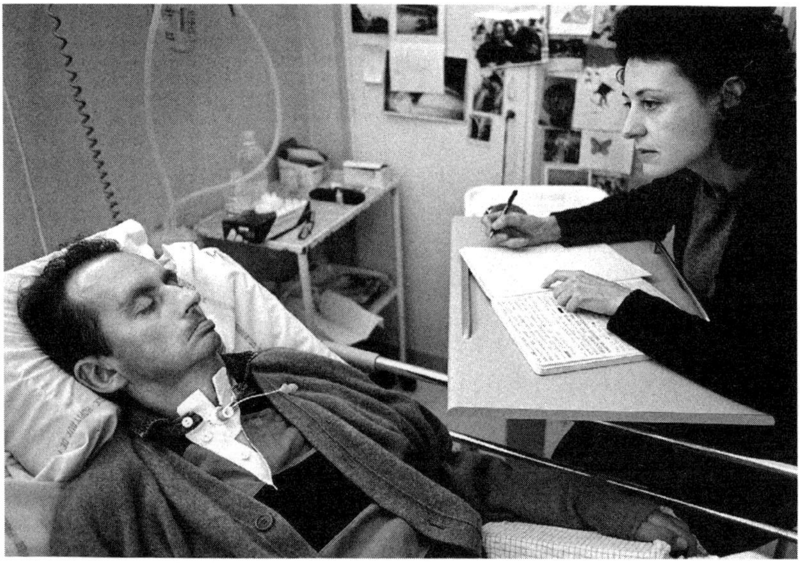

56

可能性主义者的奥秘

我们正生活在一个波动剧烈、不确定性强、高速变化的时期。颠覆性的变革正在撕裂许多组织的基础，也伤害了很多善良之人的精神。

我们中的许多人已经对可预见的未来失去了信心。大多数人都面临着不断的忧虑，被无益的消极情绪淹没。

然而，面对不断的剧变和充满挑战的生活，仍有少数人能够保持惊人的积极和深刻的乐观。

他们的主要策略之一就是保持以“可能性”为中心，而非掉入有害性的陷阱，他们的头脑中充满了伟大的梦想，根本没有压力和担忧的空间。

我想再次强调这个想法，以便你我都可以运用它：**用。伟大。的。梦想。填满。你的。心灵。这样。它。就。没有。空间。去。计较。琐事。了。**

把你的思想想象成一口井。用你崇高的愿望，迷人的热情，令人振奋的信息（这些信息可以将你的精力保护在你有远见的冒险周围），你所拥有的美好，以及与你内心的可能性诉说出的耀眼目标，填满它。你将会挤出所有黑暗和疑虑、焦虑。“阳光是最好的消毒剂。”法官路易斯·布兰代斯如是说。

这是另一个关于个人领导力的基本原则：人类的力量是在克制的时刻产生的。

我的意思是，每当你锻炼你的自控肌肉（不管它们现在有多弱）来抑制你明知道将会对你不利的冲动时，你的意志力就会变得更强。每次你做正确的事而非轻松的事，勇敢的事而非温顺的事，优秀的事而非平庸的事，仁慈的事而非自私的事，你的力量就会得到提升。每天都这样做，你最终将在生活的关键领域达到掌控与超越。

做正确的事，而非轻松的事。这是一条简单的指令，却将改变我们生活的结果。然而，正因其如此简单，所以很容易被忘记和忽视。

我最喜欢的习惯之一是夜行。深夜，每当我兴起的时候，我就会在家乡或者是我碰巧要去做演讲的城市的街道上闲逛。这是我最爱的“智慧散步”，因为在两三个小时的时间里，在星空下，在黑暗中，我可以反思自己正在成为一个什么样的人，反思自己究竟学习到了什么，我发现了什么有吸引力的想法，以及有哪些我希望改善的专业和个人领域的元素。

昨晚我目睹了一件事，我必须得告诉你。

有一个人，在黑暗中，跟在他的狗的后面清理粪便，用手机打着灯光，仔细寻找残骸。

也许我看到的东西对你的影响不如对我那么大。（在那之后的好几个小时里，我一直对这位先生及他对邻居的体贴难以忘怀。）

但重点是：在一个许多人贪图轻松省事的文化中，他做了正确的事情。

狗主人不知道我在看着他。他的行为并不是为了得到认可。他这样做是因为这件事是正确的。这就是他伟大的地方。

因此，每当你把冷漠、软弱、平庸和失败的想法赶走，代之以对成就、美丽、善良和胜利的思考时，你人性的力量就会上升、膨胀。你的头脑会变得更加积极，逐渐消除其中的恐惧、匮乏和不安全感。

让一款美妙的葡萄酒如此美妙的正是风土条件 —— 葡萄藤生长的环境。风土条件的要素包括气候、土壤、地形和耕作方式。同样，你的思想也有它自己的风土 —— 形成你产生的每一个想法的环境。消极的环境会滋生退化的思维。纯朴的土壤则促进积极的思想。所以请好好构建你的思想环境吧。

这里有四个具体的策略，可以帮助你成为一个可能性主义者，在大多数人只看到消极的情况下看到敬畏、好奇和机会。

策略 1　鼓舞人心的卡片技巧

把那些最能让你振奋的名言，无论是来自宗教典籍、英雄自传还是美妙的诗歌，都写在一组3英寸×5英寸的卡片上，随身携带。当你有空的时候，可以是在杂货店排队的时候，也可以是在火车上，背诵这些名言警句。让这些句子重新充斥在你有意识的思想中。当然，你也可以在你的电子设备上使用这个策略。但效果可能并不理想，因为这样你可能会忍不住去查看其他信息、社交媒体或浏览新闻。

策略2　坚持3S原则：沉默、孤独和静止

这三种强大的影响提供了一种生态系统，可以让焦虑的头脑和动荡的心灵平静下来。嘈杂的环境造成了嘈杂的心理和充满恐惧的情绪。你安静的时间越多，你就越能化解有害的能量，并有机地用希望、幸福和精神自由取而代之。冥想对你有极大的帮助。我已经创建了一系列非常强大的指导冥想的方法，可以显著优化你的积极性，提高你的工作效率，帮助你放下你过去可能背负的不满。

策略3　运用价值链感恩

回想你的幸福而非你的负担，能够改变你的神经化学结构，从而提升你的情绪体验。记住，大脑细胞是相互关联的，所以积极地寻找生活中你能欣赏的事物，会让你的神经通路更加强大。你越是懂得欣赏，就越不会有气馁出现的空间，也就越不会扭曲现实，朝着消极的方向发展。然而，不要仅仅在你的感恩日记里快速写下几条随笔来练习感恩。要深入地参与我所说的“价值链感恩”，对所有能让你的生活变得更好的事务从始至终都表示感谢。例如，在杂货店结账时，向帮助你的收银员，向把食物放在货架上的店员，向把食物运到商店的卡车司机，向为你和你的家人种植农作物的农民，默默祈祷。将这一策略运用到你日常生活的各个方面，很快你的整个生活就都会沉浸在微小的感恩中。从而，得到这些无处不在的快乐。

策略 4　成为解决方案的关注者

每个问题都有一个自带的出厂解决方案——无论你目前是否能看到它。

这是一个非常重要的原则，你需要理解和执行，以使你能够从负担中解脱出来，并驱除失败主义思想的恶魔。承诺提高你作为一个问题解决者的敏锐度，你的忧虑就会逐渐消失，并使你能够向热情的世界表现出你最高的天赋。

我想和你们分享一些对我来说很特别的东西。

我 20 多岁的时候是一名律师，住在一个远离父母的城市，父亲在他那老式的处方笺簿上给我写了一张便条，把它夹在了一本邮寄的书里。他解释说，梵文中“火葬堆”的字符与“忧虑”的字符几乎一模一样。

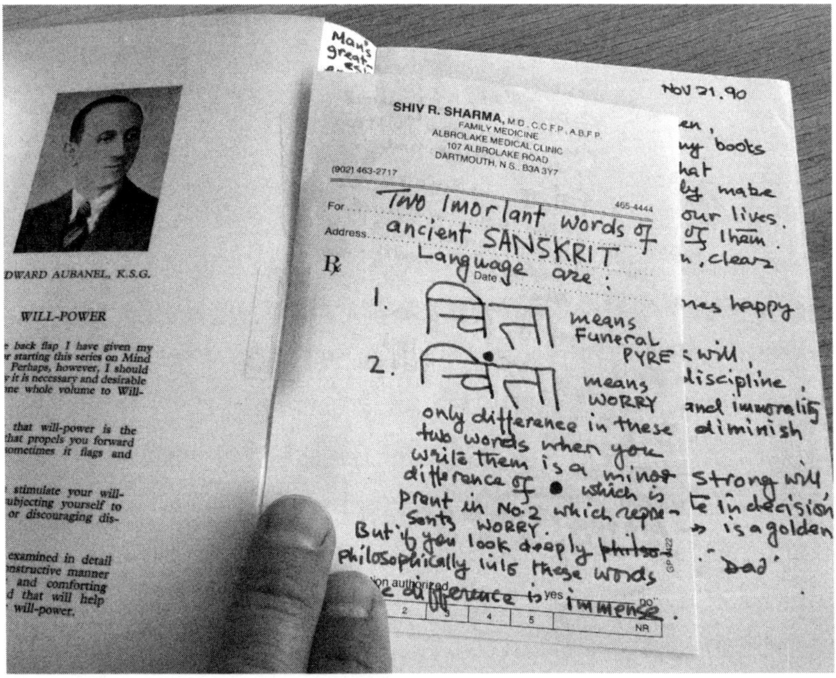

我父亲写给我的纸条

嗯！

如果你非常仔细地看他的手稿，你会发现他写道：当你写这两个词时，它们唯一的区别是“·”这个点。

这是一个非常有趣的区别，不是吗？

父亲解释说，虽然这两个梵文字符在技术上的唯一区别只是一个点，但真正的区别在于：火葬堆烧掉逝者，而忧虑消耗生者。

所以无论如何都要尽力避免忧虑。

真是一句在生活的潮汐中远航时的至理名言。

如果你想知道他在纸条下面写了什么，请看：

很多时候，有很多书出现在我们面前，对我们的生活产生了积极的影响。这本书就是其中之一。决心、冥想、清晰的思维能增加一个人生活中的快乐宝藏。

自我怀疑、意志薄弱、冷漠、缺乏纪律、缺乏目标和不道德，这些肯定会削弱生命的力量。

诚实、意志坚强、体贴、果断和直率是通往黄金人生的黄金道路。

父亲

父亲寄给我的书是爱德华·奥巴内尔（Edward Aubanel）写的《意志力》。它如今仍板正地摆放在我个人图书馆的前排，以便我可以经常阅读，避免忧虑。

57

积极思考的大谎言

好吧。我将（再次）冒险向你提供一个见解，我猜你可能会说这是一个相当矛盾的见解，也许你会觉得，这与你刚刚看完的上一章相悖。这个想法就是：积极的思考其实并没有真正发挥什么作用。

更准确地说就是：积极思考不会真正地起到（或持续地起到）什么作用，除非有特定的条件（并持续地）让它起作用。请允许我解释一下这些非正统的说法。

我读过很多经典（和不那么经典的）书，都是关于如何将挫折转变为计划，如何将困难改变为优势，如何将麻烦改造为成功的。老实说，我从这些作品中学到了很多，并由衷地感谢这些作者为帮助那些经历挑战的人所做的美好努力。

然而，他们建议的都是要在问题中寻找回报，在痛苦时期感激你仍然拥有的所有美好，尽快从危机中走出来，不要给忧虑更多的能量，这些建议一直让我感觉不太对。

是的，要过一种快乐、宁静和有灵感的生活，我们不能一直停滞在不幸之中。在这一点上我们是一致的。停留在过去完全是浪费时间，不要沉迷于一个让你失望的场景。如果你不肯放手，那什么好事也不会发生。

但不去面对现实也是没有意义的。当我的心在滴血、我的情绪在低谷时，不承认我的感受是不对的。并且直接展开积极的思考，而不尊重（然后处理）困难带来的情绪；操纵我的思想，而不接受和保持我的真实感受，这似乎是虚假的，勉强的，就像是一种纯粹的否认。

我的意思是，如果你正在经历人生中的一个混乱时期，而你只是调整你的思维，找出所有好的地方，突出所有积极因素，而忽略所有自然出现的情感现实。就像：

如果你失去了工作，或者正面临着任何其他形式的经济困境，此时把你的心态完全集中在逆境中的机会上，这只会让你的愤怒、悲伤、恐惧、羞耻或尴尬被压抑在内心深处，从而产生一系列未来的问题（这就好比：不舒服就是“不去舒服”的结果）。

如果你正因一段亲密关系的结束或者其他形式的失去所爱之人而心碎，你可以通过低着头假装你不悲伤，保持忙碌（许多咨询师都会这样建议），并表现出虚假的乐观主义，而这只会更加暴露你正感到痛苦需要排解的事实。

如果你正遭受着由一场重病、一场潜在的灾难性的诉讼或一场严重的意外所造成的情感伤害，那么匆忙地进行旨在揭示一线希望的思维练习，就是对任何“没有活埋掉自己情感的人”都会感受到的真情实感的不尊重。并且增加了你身体系统中已经存在的无形毒性，这些毒性来自过去未经疗愈的伤害（你现在已经非常了解这些伤害了）。

一味追求积极的想法，却不去治愈情绪，只会让事情变得更糟。这会在你与你的智慧、活力、创造力、生产力、同情心和勇气之间筑起一堵高墙，将你与你最真实的本性隔离开来。（顺便说一下：“勇气”一词来源于古法语单词“cuer”，意思是“心”。）

如果你不去疗愈这些有机的情感，就相当于阻隔了你内心的巨大力量，只活在你的头脑里，变得更像一个冷酷的逻辑机器，而不是一个与集体和你自己与生俱来的魔法相连的高功能人类。切断自己与痛苦之间的联系，同时也会切断自己与快乐和天赋之间的联系。相反，感受你的痛苦，你就能重新获得体验命运为你精心准备的敬畏和奇迹的能力。

我甚至会进一步说：现在地球上的很多问题，如战争、种族歧视和性别不平等、环境恶化和金融贪婪，都是由于人们与自身的内心脱节，被困于他们的思想中造成的。（也许“闭锁综合征”既可以发生在心理上，也可以发生在身体上？）因为没有人教过他们如何做得更好……

因为社会教育他们“心态决定一切”。

因为专家告诉他们，积极思考是最终的救赎。

这种积极的“感觉”是给愚蠢、软弱和低效的人准备的，是应该被掩盖起来的。

如果你不再有感觉（因为你长久以来一直避免这样做），你又如何能够感受到善待他人所需要的同情心？如果你不能再获得你的快乐和活力，你又怎么能收集灵感和精神上的化学物质来启动你的项目、创造你的杰作？在商界和社会上，有太多的人正经历着我在指导课程中所说的“功能失调的乐观主义”。我们努力想出一些令人振奋的想法，却仍在奋力储存那些隐藏在我们内心的有毒情绪。这真是自我毁灭的完美公式。

如果你不能再体验你的情感世界，那么你所做的每一步便都变成了一种思维推演。你变得更像一台机器、一个机器人，而非活生生的人。如果你所做的只是累积“小创伤”和“大创伤”，你将每天都穿着一套盔甲，出现在公共场合。是的，它可以保护你。但它也会阻止你听到别人对你的伟大的赞美，使你感觉不到推动你的杰作的深刻灵感，也无法用礼貌、耐心、同情和爱与你遇到的每一个人交流。

压抑不舒服的情绪，你会创造出一个巨大的潜意识世界，黑暗、愤怒和内疚会把你困在受害者的枷锁中，让你沉迷于逃避，比如过度工作、追剧、电子娱乐消遣和疯狂消费，因为你在逃避自己。做自己太难了，所以你才需要许多其他的东西。

我不确定陀思妥耶夫斯基的这些话用在这里是否适合，但我的直觉要求我把它们放在这里：

> 你意识到你应该走一条不同的路，一条更有雄心的路。你觉得你注定要做些别的事情，但你不知道该怎么去做。在痛苦中，你开始怀恨周围的一切。

无意识地处理这些未经处理的情绪也会消耗大量的能量（让你的工作效率大大降低），并给你的身体带来毒性，在你的器官内造成紊乱，损害你的健康。你知道这一点非常重要。

“那么积极思考是浪费时间吗，罗宾？”你会问。

我的回答是："如果你克服了危机中出现的自然情绪和身体感觉，那它就是一种对你时间的极好利用。否则，你只会给你的情绪系统增添更多的创伤，创伤领域以及其中所有沉重的能量都会通过你的身体辐射到你的思想，削弱你与生俱来的乐观态度、表现力、影响力和对人类的基本关怀。"事实上，在任何困难中都要与浮现出来的感觉为伴，直到它们释放和消散，这会有力地提升你的精神能量，然后自然而然地你的积极性得以提升。具有讽刺意味的是，保持积极思维的最好方法是致力于情感疗愈，不是吗？

"可是我怎么知道什么时候应该停止情绪疗愈，转向认知重构，写感恩清单来改善我的心态，同时做那些积极思考的专家指导我做的所有事情？我不能永远都有这种不舒服的感觉，对吧？"你会问。

"是的，"我会带着满满的爱和尊重回答你，"体验这些情绪是明智的，这样你就可以避免压抑它们，并开始释放它们，但你肯定不想沉溺于它们。你会知道什么时候该做出改变，什么时候该细数你的幸运，什么时候该愉快地展望未来。相信你的直觉。"

因为你比你所理解的更聪明，比你所能理解的更强大，你注定要过上一种快乐、积极的生活。

58

那次我去露营

如今，我不得不承认，我不太喜欢露营。

早上没法洗澡，对我来说不算什么。

晚上有苍蝇、虫子和熊，可不是我的“菜”。

但我确实有一次露营的经历……

为了准备这次大旅行，我和我的两个朋友造访了一家露营用品店。我们买了提灯、水壶、轻便的锅碗瓢盆、防水火柴、睡袋，还有一个时髦的帐篷。

我们开了四个小时的车。远离城市，途径乡村，进入荒野。那是一片惹人喜爱的荒原。

我们找到了露营地。铺好地面覆盖物，钉上金属桩，搭起帐篷。

这对我来说一点都不轻松，因为我可能是你见过的最“不宜家”的人。（意思是我和说明书就像油和水或者像金枪鱼和果酱一样不搭配。）

最后，我们还是搭起了帐篷。虽然它看起来很畸形——摇摇晃晃，支离破碎。但这总归是我们的帐篷，所以大家还是很高兴，为我们的成就感到自豪。

太阳开始落山时，我生起了一堆篝火。我觉得自己像个探险家。就像那些发现新大陆的大胆冒险的幸存者。

像瓦斯科·达·伽马或亚美利哥·韦斯普奇。

或者是费迪南德·麦哲伦，再加上一点约翰·卡伯特和克里斯托弗·哥伦布的风格。

那是我一生中一个非常振奋的时刻。我觉得自己有点天下无敌。如果你能明白我的意思。

当然，按照传统，我们拿出一袋棉花糖，找到几根棍子，然后在火上烤。我们一边吃着精心准备的三明治，一边热着一些巧克力热饮，空气变得越来越清爽。

我们开始相互讲故事，逗对方笑。

那是一个相当特别的场景。在某种程度上，接近魔法。但我很想告诉你，后来发生了一件事……

我听到树林里有一些沙沙声，随后是树枝折断的声音，这开始让我感到有些不安。而后一堆奇怪的动物尖叫声，则把我们吓坏了。

是郊狼吗？是一只野狼吗？还是一只大黑熊？

不知道那是什么（或者它们是什么）。我只知道，我不打算留下来继续寻找答案了。

就这样，我不骗你，我们像一群头顶着火的嬉皮士般拆掉了帐篷，像《大河之舞》的演员一样在火焰上踩着脚，收拾我们的提灯、水壶、锅碗瓢盆，就像在逃命一样。

我们狂奔到车里。快得像杰西·欧文斯和弗罗伦斯一样。

我一边跑，一边想，我不需要跑得过这只猛兽，我只需要跑得过我的朋友就行。

就是这样。在繁星下，在无比黑暗的天空下。三个二十多岁的年轻人手里拿着我们所有的东西，奔向那辆车。可怕的声音还在尖叫。

我们做到了。上了车。门锁上了。看起来就像詹姆斯·邦德在躲避反派。还活着，这让我松了一口气。

天已经很晚了，但上天很配合，很快我们就在主干道旁发现了一家破旧的汽车旅馆。除了大厅的一盏灯外，所有的灯都关了。我们每人订了一个房间并在那里过夜。远离郊狼，或是野狼，或是黑熊。

如果你问我学到了什么？那就是不要再露营了，永远也不要了。

生命是如此珍贵的旅程。请确保你永远不要留在原地，永远有时间娱乐。

你我的旅程为我们提供了这样的冒险和探索的机会，享受迷人的经历，更多地了解自己。

有更多的机会去探索你喜欢什么和不喜欢什么。如何处理惊喜及如何欣赏伟大友谊的宝藏。受邀共赏繁星的美丽、大自然的华丽和我们宇宙的真诚友好。

美国小说家爱丽丝·沃克曾写道：“每当你在身边创造美时，你就是在恢复自己的灵魂。”

所以，对新的前景说“是”，当你感受到一个令人激动的机会，更充分地尊重你的命运时，举起胜利的手势。永远不要推迟真正的生活。不要把事情推迟到将来更完美的时候。因为没有比现在更适合冒险、成长和兴奋的时候了。

只要找一个好帐篷就行，还有避开黑熊。如果你明白我的意思。

59

我曾指导过的亿万富翁的 13 个共同点

与众多亿万富翁及其他金融领域重量级人物（我只与那些道德高尚的人合作）相处多年的经历，让我明白了，他们中的大多数人都有一系列共同的品质，正是这些品质使得社会文化为他们贴上了“天才”和“超凡脱俗”的标签，但实际上，他们仅仅是在像少数人那样思考、像少数人那样行动。记住：要获得只有 5% 的人才能拥有的成果，你就必须去做那些 95% 的人不愿意去做的事情。

鉴于发财致富对许多人来说都仍是一场异常艰苦的斗争，我认为分享我所指导过的亿万富翁的 13 个共同点，将会非常有价值。

特点 1　近乎鲁莽般的自信

亿万富翁都坚守信念，尽管周围的人都称他们的愿景是荒谬的、不切实际的、没有意义的或是无法做到的，但他们身上的创造性抱负以及热情愿望，最终仍然会将其一件件地变为现实。他们受到过怀疑、嘲笑、拒绝、谴责和反对。然而，他们依旧忠实于自己美丽的理想。

特征 2　对于光明未来的憧憬

与第一点相近，但略有不同的是，创业大师的品质可以使他们能够，在大多数人错误地认为唯一可能发生的事情就是已经发生的事情的情况下，依旧看到伟大的可能性。发明和创新的本质在于它们会打破常规、突破现状。我把这种开启大多数人看不到的价值和魔力的能力称为“梦想家的天赋”。在大多数人视为问题的事务中，这些勇者从中看到了可能性及人类更美好的未来。

特征 3　极度渴望反抗

我指导过的亿万富翁都是开拓者，通常也都是反叛者，而且总是彻头彻尾的革命者。他们一贯无视规则，是隐秘的自由战士，是扮作商业大亨的海盗。他们厚着脸皮、虚张声势地使世界变得符合他们为之设定的愿景，并且愿意为实现梦想而不惜一切代价。

特征 4　孩童般的好奇心

我们在小时候都曾是小巫师。我们常做着英雄般的白日梦，无畏地突破边界，视生活为乐园。我们喜欢学习新事物，尝试新技能。我们不停地到处问“为什么？”，好奇于各种问题的答案。然而，随着我们不断地长大，我们体内神圣的好奇心被打破了。反观这个星球上经济方面最富有的人群，他们已然将自己宝贵的好奇心与无聊、普通且常常阴郁的社会隔绝开来。他们都是非常认真的学生。他们高频阅读（我不知道有多少次听到大亨们说，“我能拿到什么书就看什么书”）。他们热切地聘请教练和指导。他们参加教育课程，参加会议（经常坐在前排，勤奋地做笔记），不断地提高自己的技能。他们明白，你变得越强越好，你能产生的价值、效益就越多。而且，你向大众推出的杰作越多，你能赚到的钱就越多（金钱不过是市场对于效益的回馈）。这也是他们在经济上能够成就伟大的部分原因。

特征 5　摒弃评论家的意见

你可以渴望周围的人都喜欢你，或者你也可以用你的天赋点燃世界，但我怀疑你是否能够同时做到这两点。正如我前面所提到的，别人的观点只不过是他们自己的看法，仅此而已。不要在他们身上投入过多的精力。其他人的观点只是他们对自己认为可能发生的事情的阐述，但这也只是基于他们根深蒂固的信念及过去的经验。他们怎么看、怎么想，真的不关你的事，所以请不要让它破坏你的成功。不要让那些对你的光芒感到威胁（和嫉妒）的人的有限感知（白白地）占用你思想、心灵和精神的空间。这些空间太宝贵了，绝不能被一些无谓的东西占据。这些拥有巨额财富的偶像，坚决拒绝那些可能会使他们的雄心壮志受到基于恐惧和嫉妒的信念的限制。他们就像世界冠军级的赛马，眼睛两边都戴着眼罩。他们目标周围的视野狭窄，绝不受琐事干扰。

特征 6　坚持一致性和持久性

所有世界级的产出者都非常一致。他们懂得平淡中的力量——日复一日地坚持重复同样的事情、仪式和表现——就能创造出超人级别的生产力、价值和影响力。坚持不懈的确是通往传奇最可靠的道路之一。除此之外，我的超高净值客户还表现出了非凡的毅力。如果你把他们击倒，他们就会重新站起来。如果你在他们面前竖起一堵高墙，他们也一定会把墙推倒。如果你跟他们说，有一项困难是无法克服的，他们可能就再也不会理你了。这种类型的人面对拒绝，只会把拒绝当作正在形成中的肯定。对这些人来说，失败不过是通往更高成功的一扇大门。他们势不可挡，攻无不克，战无不胜。在几年前我举办的一次现场活动中，一位参与者（一位非常出色的年轻人，他灿烂的笑容足以照亮整个舞台）在周末体验结束时走近我。“我不得不称赞你，罗宾，”他用赞赏的语气说道，“你真的是始终如一。”我觉得我的演讲内容极具灵感、见解丰富，他却只说了一句：“你真的是始终如一？”但那天晚上晚些时候，在安静的酒店房间里，我明白了他的意思。他是一位著名的校园橄榄球运动员、一名精英运动员，他去过我的许多现场活动。他见证了我每次都保持同样的水准，尊重同样的美德，坚持同样的哲学，这代表着一致性——这是伟大运动员的 DNA。

特征 7　对胜利和成为世界第一的高度热爱

哦，富翁是多么喜欢进步的感觉啊，不断前进并将他们充满激情的设计转化为日常生活的痕迹。他们中的许多人以前都曾是运动员。他们想要赢得冠军并且保持冠军的动力帮助他们在其他一些领域中也取得了胜利。他们不只是想要有点好、有点成功。他们想要的是成为世界上绝对的最好。（我们的一个机构客户的宣言中有这样一句话，令我非常难忘："我们致力于成为迄今为止我们领域内的最佳。"）

特质 8　一种训练有素的抵制短期快感的能力

与我共事过的亿万富翁几乎都有着超凡脱俗的个人纪律。他们的自控能力是崭新无瑕、甚至是力大无比的。他们不仅在他们充满初始激情的时候坚持自己的道德抱负、完善计划和高价值目标，而且在这种初始激情开始变为（做艰难事情所必要的）苦差事之后很长一段时间也是如此。他们顽强的毅力是了不起的。他们中的许多人比大多数人都吃得少、起得早，以在一日之计率先抢跑，他们非常在意保持健康，把自己的日子过得像一场精确校准过的军事战役。更重要的是，他们推迟享受简单的快乐，他们明白，只要每天专注、耐心、保持崇高的职业道德和不屈不挠的奉献精神，随着时间的推移，他们的努力就一定会获得稳定而微小的回报。我把这种方式称为"持续的渐进主义"。经济巨星玩长线，而轻量级选手却总是想在短期内获胜。

特征 9　学习积累财富的技能

大多数人都是消耗者。他们总是在最不需要的时候买东西。购物填补了他们情感上的空洞和未被满足的需求，这让他们感到快乐——却只能维持一两分钟。直到他们意识到自己如今负债累累，从而致使他们常年不快乐。繁荣的英雄都是创造者。大多数人买的东西都是他们生产的。此外，随着他们经济财富的增长，通过明智的投资，他们能让钱在他们睡觉时为他们工作，从而避免陷入无法偿还债务的恶性循环。现在，请不要落入这样的陷阱：认为被动收入的增长是获得世界级财富的唯一途径。我想提醒大家注意一个不太常用的术语：主动收入。我的客户拥有非凡的财富，因为他们既关注被动收入（让他们的钱为他们工作，而不是为他们的钱工作、用劳动力换取现金）的产生，也关注主动收入（通过向市场贡献丰富的价值而获得的收入）。

特点 10　拒绝和消极的人在一起

伟大的梦想家会把他们乐观的能量装在盔甲里。每一个鼓舞人心的成就都是由充满激情的人创造的。失去那种状态，你就会失去那种可以使你梦想成真的火焰。因此，金融教父避开了像瘟疫一样的借口制造者和抱怨者，把时间花在了那些希望呐喊者、世界建设者和其他“帝国”缔造者身上。

特征 11　几乎无限的能动性胜过成就感

受害者们说，社会欠他们一份生计。他们向政府、亲人及任何他们能够遇到的人寻求帮助，只要人们愿意听他们抱怨在动荡的经济环境下生存是多么艰难，胜利是多么艰巨。然而，有远见的领导者拥有能力来实现他们的愿望，并有一种能动性，使他们确信自己有能力。他们有智慧、勇气和创造力，知道人真正的力量源自内心，而不是来自某种外在。这种类型的人拒绝购买彩票，因为这样的行为会向他们最强大的自我传递这样一个信息：为了获得巨额财富，运气是必不可少的，而非将成功视为自身行动的直接结果。这种类型的人明白，你对自己的承诺兑现得越多，你就越有信心去实现那些更有挑战性的事业。偏执地专注于自己的优先事项，超越你所在领域内的所有人，提供独特而珍贵的商品和服务，比你遇到的所有人都更努力地工作，并以慷慨、正直的态度完成这一切，这些都会让你比期待施舍更容易进入繁荣的名人堂。

特征 12　非对称风险回报范式的应用

非对称风险回报范式（ARRP）是一个术语，我用它来描述亿万富翁只将他们的才智、精力和时间投资于一种好处大于坏处的机会的操作，在这些机会中，上升的幅度比任何下降的幅度都要大。换句话说，在这种机会中，成功可能收获的回报与失败可能面临的损失是完全不对称、不成比例的。流言称巨头都是愚蠢的冒险者，他们总是做出考虑不周的举动，一意孤行，那真像是个童话故事。事实绝非如此。亿万富翁往往比人们所预期的更加保守、更加深思熟虑，他们寻找可以获得惊人回报的企业，而不必在农场上下注。

特征 13　逆向配置资本的模式

最后，我所指导过的亿万富翁大多都以一种与众不同的方式看待钱和花钱。我称之为“特立独行的投资计算”。从本质上讲，这形容了他们发现隐藏价值的罕见能力（但这是后天习得和发展的，而非天生的）。无论他们的资产类别涉及股票、艺术品、房地产还是贵金属，他们看到的都是宝藏，而大众看到的则是花钱。他们有先见之明，会展望未来，因其走在时代的前面而佩戴着荣誉徽章。他们知道，当主流媒体报道一个金融机会的时候，已经太晚了。同样，他们的天赋是能够注意到周围的角落，并能够追寻到未来而非当下的重点，（向冰球的方向滑），这实际上不是天赋，而是耐心学习、准备、测试和训练的最终结果，大多数人却根本不愿意这样做。

我将留给你约翰·洛克菲勒的哲学，他是剔除通货膨胀因素后历史上最富有的人：

我相信劳动的尊严，无论是脑力劳动还是体力劳动；世界不欠任何人生命，却欠每个人一个谋生的机会。

我相信，无论是在政府、商业还是个人事务中，节俭都是井然有序的生活所必需的，而节约则是健全的财务结构的首要条件。

我相信，提供有益的服务是人类的共同职责，只有在牺牲的净化之火中，自私的渣滓才能被焚毁，人类灵魂的伟大才能得到解放。

我相信有一位无所不知、博爱无边的上帝，而无论他以什么样的名字被命名，个人的最高成就、最大幸福和最广泛的用处都可以在与他的意志和谐相处的生活中找到。

我相信爱是世界上最伟大的东西；只有爱才能战胜仇恨；正义能够而且必将战胜强权。

60

财富的八种形式

在我的指导方法中，有一种叫作“财富的八种形式”的转换概念，这也是我指导方法的哲学基础之一，我想把它提供给你们，因为它对于我的客户在组织和策划一个真正世界级的生活方面非常有帮助。我们的社会文化让我们相信财富只有唯一的一种形式：金钱。对此，我不能苟同。许多人有着大笔的现金，除此之外一无所有。这些人富有金钱，却缺乏快乐。他们有着良好的经济流动性，却缺乏积极性，同时精神匮乏。

快乐、和平和自由比名声、财富和掌声的价值高出 100 万倍，至少我是这样看待生活的。

如果你真的想过上真正富足、富裕的生活，需要致力于八个主要方面的财富。

在私人咨询任务，或在我的一个在线辅导小组中，我会首先让每位客户对他们目前在这八个领域内的表现打分，分数从 1 到 10，1 为最低级，10 为世界级。

这个环节可以使他们对自己在每个真正的财富领域内的表现都有一个强有力的直观评估。清晰先于精通。你永远无法解决一个自己意识不到的问题。那些优秀的表现和精心构建出的美丽生活都是通过与你的盲点建立起亲密关系、结束自我欺骗的催眠而实现的。

财富的八种形式

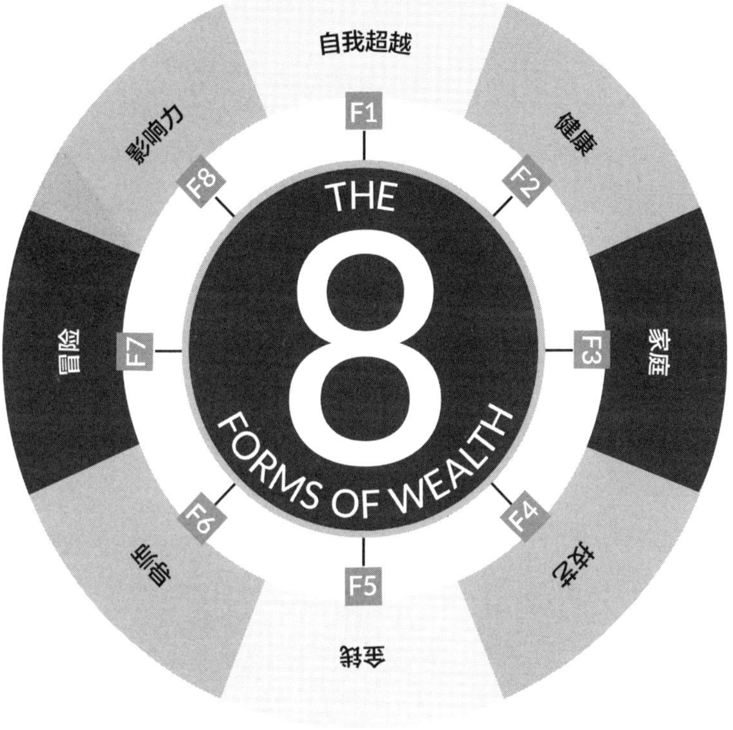

好的，现在，让我们来一起来看一看财富的每一种形式都是什么。

财富形式 1　自我超越 + 真诚的英雄主义

这个领域代表你“了解、恢复和表达你内心的英雄主义本质”的进程。自我超越是关于校准你的思维模式、净化你的情感模式、优化你的健康模式及提升你的灵魂模式——最大化我之前介绍过的四个内部领域的。如果每天早上，当世界上的其他人还在酣睡时，你就开始练习做这项重要的工作，那么你就一定会在你的创造力、生产力、繁荣和公共服务等外部领域中获得重大收获。记住：领导力、伟大和影响力都是内部工作。你创造的外在生活永远不会比你自己的内在生活更高、更强、更高尚。展现出最好的自己才是真正的财富。

财富形式 2　身体健康 + 长寿

这一生命维度与你身体状况的各个方面息息相关，包括大脑健康、个人精力、耐力、快速恢复的能力、免疫力的质量、睡眠习惯和寿命。我同意，把时间和资源花在这些部分会让你花费不少。但疾病（或死亡）只会代价更大。

健康的身体是真正财富的关键因素。投资于它（像任何优秀的投资者一样），它的回报将是你无法想象的。正如智慧的长者所说的那样："年轻时，我们愿意为了金钱而牺牲自己的健康；然而，一旦我们变老也变得更聪明后，我们甚至愿意为了一天的健康而放弃所有这些财富。"

是的，健康模式出现在这一类别中，同时也是财富形式 1 的一部分。我这样做是有意的，因为尽管良好的健康是自我超越的一部分，但它也应该有自己的一席之地。所以你真的应当把它作为你打造世界级生活的首要任务。因为没有健康你就真的一无所有了。

财富形式 3　家庭 + 友谊

在人生的最后时刻，没有人会悔恨自己当初应当花更多时间与律师、企业供应商或高尔夫球友在一起。不，我们都希望，在生命的尽头，身边能够都是我们善待过并对我们充满欣赏和崇拜的家人和朋友。太多人的人生中充满遗憾，因为他们没能花足够的时间和所爱的人在一起。如果这个优先级在人生暮年将会变得很重要，那么你的聪明才智就该告诉你，你现在就应当重视它。对于孩子来说尤其如此。作为父母，在孩子离开我们的生活之前，我们有一些很小的机会来表达这些无条件的爱，塑造我们的孩子。可如果在机会窗口关闭时，你还没有努力加深这段重要的关系，就很难再去弥补了。

财富形式 4　技艺 + 事业

每个人都可以通过在他们得以谋生的工作中变得出色而得到更多的快乐、意义和内心的平和，所以他们以自身的力量、天赋和能力努力工作。很少有什么追求能像精通你的工作，在你的技艺方面成为世界上最好的（迄今为止！），解决让很多人致富的难题，花时间成长为你内心英雄主义所恳求成为的产出者等方面，能够产生如此多的心灵满足感。所以一定要花大力气提高你在这一领域的表现。

把你对技能最大化的投入和与之相关的职业生涯的扩大看作一种值得庆祝（和提高）的巨大财富。

财富形式 5　金钱 + 净值

是的，当然，你的收入和你的净资产（信不信由你，有些人认为它们是一样的，但实际上它们截然不同）也是你生命中的一种财富。

为了实现美好的生活平衡，有足够的钱为你的家人创造美好的回忆，轻松地满足他们（及你自己）的需求，通过购买物质产品（和经历体验）来享受你的劳动果实，让你的内心（和灵魂）充满幸福，这是最基本的。许多压力都是由缺乏足够的经济实力造成的。一旦你有了足够的钱，你就可以在世界上做很多好事。

我想让你注意到，人们在经济生活中犯的最大的错误之一（在积累了太多的债务，以及没有实践久经考验却又常常被打破的“量入为出”的生活规则之后）就是每次收入增加时都提高生活档次。这真是一个巨大的错误。如果你每赚到更多的钱就增加你的开支，你就会变成一只一直待在仓鼠轮上的仓鼠，永远都不会创造任何净值。

我还建议你不要被“顶线诱惑”（top line seduction）迷惑，这是一种被个人（或公司）的收入而非利润吸引的心理。这种情况下，在支付费用和税款后，你每年和每月的资金流入将不会剩下多少钱用来储蓄和投资。永远不要把总收入和净利润混为一谈，拜托。

最后，关于财富的形式 5，请相信并知晓金钱不是邪恶的。只有那些没钱的人才会这样说，用以为自己的贫穷找借口。如果你能用智慧、热情、体贴和自律来锻炼你正直的品格，富足就能够给你和你身边的人带来幸福。

财富形式 6　导师 + 有影响力的人

我们的谈话、交往和关系确实提升了一个层次。你的内部圈子绝对会驱动你对外部事物的掌控。那么，财富的第六种形式就是花上更多的时间和那些“正在过着你梦寐以求生活的人”在一起。这些人通过他们的思考、感受、行为和贡献，向你展示了一种全新的工作方式和生活方式。这些有影响力的人，通过他们自身榜样的形象，可以推动你表现出更大的乐观、卓越、创意和体面。

如果你真的想在世界一流的舞台上驰骋，那就确保你经常和那些表现出众、你自以为永远也追赶不上的人在一起。他们的榜样形象将在你的心中点燃一团无法熄灭的火，为你的辉煌突破提供燃料，让你成为你想成为的奇迹，把你的星光洒向整个宇宙。如果你自己就是你所认识的人中最成功的一个，那也许你真的是时候结交一些新朋友了。我向你保证，找到杰出的榜样来指导你，真的会给你的生活带来一个翻天覆地的转变。

财富形式 7　冒险 + 生活方式

人类在进步和探索时是最快乐的。冒险进入生动的蓝色海洋，探索先前想象过的地方、潜力和追求，让我们的精神翱翔。你和我，在原始层面，都是游牧者。我们是旅行者、航海者，可以说是先锋。我们渴望学习新的技能，拥抱新奇的经历，进入异国文化，化陌生人为好友，用闪闪发光的眼睛和舞动的心在生活中前行。

为了实现最佳的生活平衡，在你的每一周中注入一些“制度化的冒险”是很重要的，无论是去美术馆、去图书馆，还是去一家你从没有尝试过的餐厅。同时，定期滋养你内心的“探索者”能够激发你的灵感，提升你的创造力。

提高“财富形式 7”的部分内容还包括持续提升你的整体生活方式。致力于构建世界一流的生活水平是一个如此辉煌的目标。考虑一下你想要栖息的理想家园，你所拥有的物质的质量，你想要休息的时间，在多个国家生活，激发你的艺术能力（而不是买第二或第三套房子，耗尽资本，如果你觉得有必要在那里度过时光，请考虑一下使用大酒店的战略），以及你所处的整体水平。每周做一些事情来优化你的生活方式，随着时间的推移会产生巨大的回报。

财富形式 8　影响力 + 贡献

我知道我们都认为，如果不能让别人的生活变得更好，那我们的人生就是极其空虚的。因此，你应当更加努力地投资于这最后一种形式的财富，确保你每周都计划一些活动，以某种或大或小的方式扩大你的效用，增加你的公共服务。这样，在离开这个世界的时候，你就会体验到一种“远不止为自己而活的生命”的荣誉和尊严。

好吧。财富的八种形式的框架就是这样。凭借该框架，你会体验到真实而又持久的卓越生活——而非在生命即将结束时，才发现自己穷其一生，把最美好的时光都浪费在了攀登山峰上，直至最后才发现到达了错误的顶点。你永远不会想要过上当今社会标榜的那种成功生活，却忽视了普遍智慧告诉我们的美好生活的真谛。

分享我对财富的多种形式的看法，让我想起了文学巨擘亨利·詹姆斯日记中的这些幽默的话：

当一个人身体健康，财富丰厚，问心无愧，并且完全没有让人难堪的亲戚时，我想他一定会巧妙地把自己写得幸福。

61

美好平衡生活的算法

请注意：这一章包含了我的每周规划过程中的衡量与校准要素。我会竭力把它说清楚。多年来，我一直被要求公开分享这个过程，所以在这里我也的确如大家期待的这么做了。

好的。让我们开始吧。

现在你已经知道了财富实际上有八种形式（金钱只是其中之一），我想带你了解一种转化方法，可以帮助你把它们完美地融入你的生活，这样你的良好意愿就会转化为出色的成果。

这个系统也是我个人用于每周规划的系统。这个过程是我用来构建富有创造力、富有成效、有益的生活时，最有价值的工具之一。

要打造出绝对世界级的工作周，需要在以下三方面下功夫，同时又要保持好平衡。

1. 计划好的事情就一定要完成。

2. 模糊的计划带来模糊的目标。

3. 世界级的几周很快就会变成绝妙的几个季度，继而引领出惊人的几年，再而成就辉煌的几十年。

有了这些核心见解，让我们来看看下面的学习模型，它可以让你对这一系统有一个更高层次的了解，这将极大地提高你的表现、幸福感和内心自由。

每周规划体系

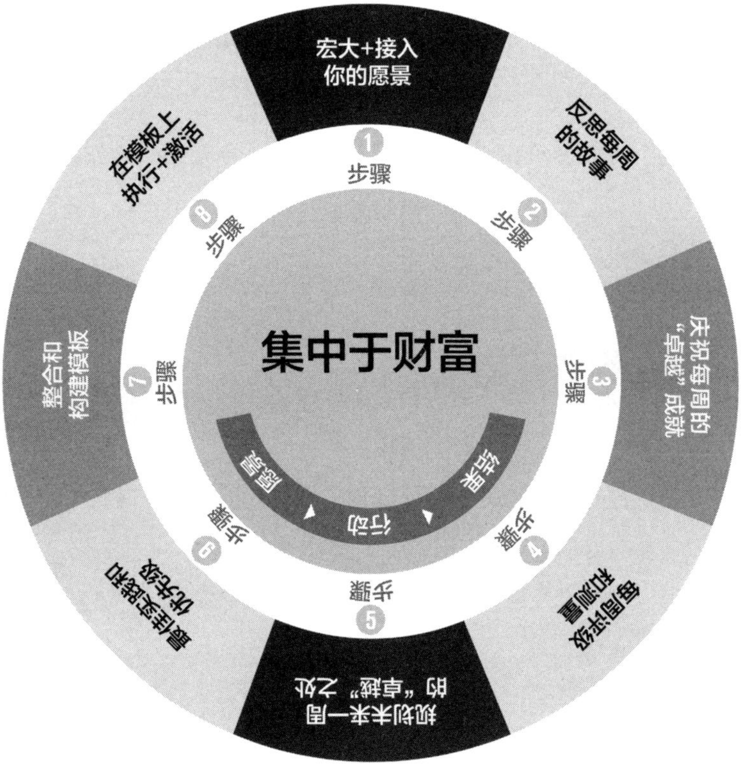

每周日早上我都会留出一个小时来计划下周的工作。（正如美国小说家索尔·贝娄所说，一个清晰的计划可以使你从"选择"的折磨中解脱出来。）此时我的家人都尚在酣睡，整个社区悄无声息，我的电子设备都处于"关闭"的可爱状态，我可以尽情地沉思。仔细考虑什么是最重要的。把这七天的规划安排在我面前，这样我就能理想地度过这一周（当然，也只能是在这个不可预测的世界里，尽可能理想地度过）。

同样值得注意的是，增加你的自律性和保持持之以恒能力的最佳方法之一，就是非常擅长每周规划（然后遵守你所设定的每日小承诺）。

现在让我们来看看这一过程中的每一步。

步骤 1　宏大 + 接入你的愿景

第一步是快进到你暮年的时候，思考你需要完成什么，这样你才能对自己的理想感到满足，从而思考你希望你的生活是什么样子、有什么意义。这将确保你未来一周是出于战略的而非被动的，是有意的而非下意识的。

当我第一次向客户解释这个系统时，我会让他们为自己写一份“墓志铭”——用四段话详细地说明他们希望家人、朋友和同事在他们死后如何评价他们。这是基于他们一生的五大目标——我在“巅峰生产力的策略金字塔”一章中告诉过你的概念。随后我会让他们写下他们最重要的 10 个日常祈愿——那些习惯和日常事务，只有当它们被程式化时，才表现得最好。

每个周日早上，他们都会怀着高度的决心和全身心的投入，在开始为理想的一周制定蓝图之前，以一种发自内心的方式重温这两份文件，重新找到最重要的东西。这为他们提供了一个访问他们个人灯塔以清晰地指导自身的机会。同样，我在本章开头提到的网址上为你提供了我在指导中实际使用的工作表。或者，你也可以使用你的日记本，写下你的“墓志铭”和“十大每日祈愿”。去做你认为对的事。

步骤 2　每周进行反思

接下来，写一篇每周故事，详细解释你上一周中的每一天都是如何度过的。一旦你开始使用这种方法中的每周规划模板，你就可以更轻松地执行这一步，因为你在过去六天中的每一天都有一个整洁的时间表。现在，只要回想你上一周中的每一天都做了什么，然后列出工作成就、锻炼课程、学习时间及与家人和朋友相处的时光等即可。

写你的每周故事会让你非常清楚地知道你在哪里做得好。它会很好地记录下事情进展的顺利之处，这样你就可以在下一周继续重复你的制胜公式（想象一下，当你坚持这样做时，你会享受到一周又一周的灵感、动力和高效）。仔细回顾一周的工作，你会发现有哪些改进的机会是最适合你的。对自己的表现有了更好的认知，从而你就会有动力做出更好的日常选择，以得到更好的日常结果。

步骤 3　庆祝你每周的“卓越”情况

一旦你开始使用每周规划系统的日程安排（我在网站上提供给你的），你就会在下周结束前全力完成你在表上所注意到的“三个真正卓越的职业目标”和“三个真正卓越的个人成果”。并在下一个周日早上的计划制定阶段，通过充满激情地写下实现和完成这些目标的感觉，来庆祝这些目标的完成。

步骤 4　每周评级和测量

如果你已经下载了模板，那么正如你所见，它为你提供了一个测量指数，让你对刚刚度过的一周从 1 到 10 进行评分。这将进一步增强你的意识，让你意识到究竟是什么在你的生活中起作用，什么地方需要加强（这样一来你就可以重复并放大这些起作用的事务）。

步骤 5　规划未来一周的“卓越”之处

在制定每周计划的过程中，你要注意到，你需要在新的一周中实现三个真正的“卓越”目标，这样的一周才能算是非常成功的一周。在专业方面，这些可以包括：完成一个重要的创意项目，熟练地完成一个关键的销售演示，安排一个没有干扰的晚上来学习你的某一项技艺、提高你的专业知识。个人真正的“卓越”可以包括“五次激烈锻炼”“四次早晨冥想”“三次全身心投入、不使用任何电子设备的家庭聚餐”及“周六从早上到中午的独处”。

步骤 6　最佳实践和优先级

接下来，快速查看在第一次建立系统时记录的“财富的八种形式”中每一种财富形式的最佳实践清单。这会让你在一周开始之前，记住生活中八个关键领域该做的那些行为，当你完成了这些行为，你的生活就会得到最佳运转。

这是一个很简单的见解，不是吗？为了享受更多的成功和幸福，计划并去完成那些经验证明过会给你带来成功和幸福的活动。例如，当涉及自我超越形式的财富时，你的清单可能包括“早上 5 点起床，执行我的早晨例行程序”“应用两个按摩方案”“一个小时的沉默祈祷”“两个小时的自然散步”“三个小时的阅读和学习时间”及“一篇日记和未来规划会议”。

对每一种剩余的财富都做同样的清单，然后你就会有一张清晰而有力的表格，上面列出了你生活中最重要的部分，可以安排在你未来七天的计划中。

每个星期天，你都要回顾，然后从你最想提高或改善的财富形式列表中选择出一个、两个甚至三个，然后积极地把你能想到的写在打印出的日程安排上。这样，你就可以确保你不会因为陷入“瞎忙活”的窠臼而错过那些非常重要的活动。

步骤 7　整合和构建模板（为了美好的一周）

通过使用我在网站上与你分享的一页日程安排程序，你现在完成了未来一周的完整日历。关键在于：记录你的工作会议和每一个专业的交付成果。同时，也要记下你的锻炼、自然散步、家庭聚餐、按摩和冥想时间等，以及所有那些通常不会被安排在精英产出者日程上的个人项目（所以他们也不会去做）。这可以确保所有重要的事情都在你的计划中——不仅是你变得超级高效所需的项目，还有你与家人保持联络，变得超级舒适，以及在经济上变得强大、在精神上变得自信所需要的项目。

在每页的日程安排的顶部都有一个方框，上面是你的三个“个人卓越任务”和三个“专业卓越任务”，这样它们就会在接下来的一周中的全部日子、每一天里，都会吸引你的注意力。

这是我最近的一个单页的、日常安排的示例

当我在白天完成一项任务时，我在它旁边记录一个“V”，代表“胜利”。这让我心情愉快，释放完成任务的能量，增强动力。我经常在我刚刚完成的事情旁边做笔记，这能让我更多地意识到为什么它会起作用。在其他时候，我会补充几句关于我在特定时间块或优化机会中的感受。这些都写进了每周的故事，我也会在周末回顾时写在日记里。

步骤 8　在模板上执行 + 激活

每周规划体系的最后一步是，在新的一周的每天早上，花一些时间重新审视你的“真正卓越”和你写好的日程表，包括时间块和其他所有的一切。这将提高你的清晰度，并激活你对干扰说“不”的能力，只对那些你向自己承诺要完成的事情投出赞成票。使你在稳步攀登“人生五大目标”的高峰时，达到最大的生产力、最佳表现和生活的平衡。

就是这样！践行每周规划体系，坚持不懈地运行世界级的几周，继而变成世界级的几个月，然后是几个季度，随后是几年，再后是几十年，最终创造出世界级的生活。

你越经常使用它，实践就会变得越容易，你得到的回报也就越大。

我知道这些都是难啃的骨头，很有挑战性。然而，我的职责是为你提供帮助你实现天赋的方法论。恭喜你成了一种，在许多人只看重轻松简单的社会文化中，接受复杂信息的学习者和重量级领导者。

后面还有一些内容较少的章，我们在书中相处的时间快要结束了。

还有最后一件事。一些客户怀疑每周规划体系是否会扼杀我们的自发性。事实上，这个过程会让你有更多的空闲时间去做有趣的事情。就像有人曾经对我说的："让计划成为你的跳板，这样自发性才能成为你激起的水花"。

62

平凡英雄的“仅仅因为”代码

这有一些我的“诗”，用以保护你的乐观、巩固你的信念，命运赋予了你所有的祝福和奇迹，它们都已经被安放在你前方的道路上了……

仅仅因为你的过往痛苦，并不意味着你的未来不会是奇迹。

仅仅因为你昨天没有去做某件事，并不意味着你今天也无法完成它。

仅仅因为你不久前还看不到问题的解决方案，并不意味着解决方案如今就没有正在形成。

仅仅因为有人违背了对你的承诺，并不意味着你就也不应该遵守对别人的承诺。

仅仅因为某人索取的比给予的多，并不意味着你就不应该成为一个大方且非常慷慨的给予者。

仅仅因为一个人总是迟到，并不意味着你就也不应该守时。

仅仅因为每日阅读在“网络僵尸们”（cyber-zombies）的世界里不那么流行，并不意味着你不应该成为一个终生的书迷，以及一个在你的领域内最有知识的人。

仅仅因为你信任的人辜负了你对他们的信任，并不意味着你就不值得信任。

仅仅因为你追求的梦想导致了巨大的失望，并不意味着你就不应该继续做一个快乐的梦想者和一个狂热的可能性主义者。

仅仅因为你爱的人行为不端，并不意味着他们就不值得你爱。（愤怒之下总是隐藏着悲伤，攻击之下总是存在着心碎。）

仅仅因为很多人都是消极悲观的，并不意味着你不应该做一个真正的希望主义者，传播你的魔力，并让全世界都为之见证。

仅仅因为缺乏无可挑剔的礼貌和细致的举止，并不意味着你不应该是独特的那类人——在你的社区里成为最体贴、最成熟、最有尊严的人。

仅仅因为付出额外的努力如今不再那么常见，并不意味着你不应该有着不普通的表现和精湛的能力。你的正直要求你拒绝参与和散发出任何形式的平庸，对吗？

仅仅因为你犯了一个错误，并不意味着人们对你的尊重就是错误的。

仅仅因为有些人只关心他们自己，并不意味着你不应该无条件地支持“帮助”“服务”和“善良”的行为。

仅仅因为你有伤口需要愈合、有限制需要突破，并不意味着你已经崩溃了。

仅仅因为别人目前在某项技能上比你强，并不意味着你不能通过练习来统治这个领域，然后成就世界级的精湛技艺。

仅仅因为你现在还没有拥有你最高自我所追求的生活，并不意味着命运会否定你最渴望的美好现实。

仅仅因为没有那么多人知道如何原谅，并不意味着你不应该放下过去的不满，继续做那些能够让你兴奋的事情。

仅仅因为你周围的许多人都太害怕成为一个完整的人，并不意味着去证明宏伟、爱和伟大没有价值，这些都是使我们每个人得以变得真实的要素。

仅仅因为生命是一段相对短暂的旅程，并不意味着你不应该为长期的生活做好准备，以留下自己辉煌的印记。

63

死亡不过是酒店房间的升级

我也会感到恐惧。因为我也是人。

当我在大学的生物实验室里，被邀请在十个人面前演讲时，我的声音曾因为恐惧而颤抖。

当我遇到名人、与陌生人见面，或被边境管制人员厉声询问时，我通常都会感到紧张。（据我所知，只有歹徒才会在边境管制人员面前保持平静。）

作为一个内向的人，我在诸如婚礼、生日会和晚宴之类的社交活动中都会感到不自在。

是的，我训练自己在众多观众面前演讲，在紧张的公共场合放松（你也可以做到）。但实话实说，那些都不是我的最佳位置。

但如果说有一件事从来没让我害怕过，那便是死亡。

最近，我和一个好朋友聊了聊死亡。

他说他花了很多时间思考他的最终结局。似乎他很担心死亡将如何发生，担心体验它将会是什么样子，担心是否真的会有竖琴在另一个世界里奏响古典音乐。

对我来说，我其实很期待死亡，如果你不介意我这么说的话。

我必须明确一点：我强烈地、无限地热爱生活，而且我还有一段很长的旅程要走。

我为家人们而活。

我热爱我的技艺，也很荣幸为大家服务。我在写这篇文章的时候，回想起读者们对待我的方式，不禁热泪盈眶。我不确定自己是否配得上这些，但我还是要谢谢你们。

我觉得自己很幸运，能有这样的好朋友，他们使我思考，使我欢笑，有时还使我吃下太多的黑胡椒芝士意大利面。

我喜欢那一摞又一摞的书，它们使我们家的每个房间都充满了魅力；我喜欢骑山地自行车；我喜欢经常去所爱的地方旅行，包括罗马和阿尔巴、毛里求斯和普利亚、翠贝卡和弗兰舍克、苏黎世、伦敦、迪拜和孟买。

我非常感谢我在全球各地做过的领导力巡回演讲，感谢我有幸能与之共事的伟大客户，感谢我享用过的那些美味佳肴，感谢我经过岁月洗礼过的这双眼睛还能够欣赏到灿烂日出。

这些都很酷，也真的很有趣，通常也是令人振奋的。但我不再需要它了，不再依恋它了，不再认同它了，这意味着我不再需要用它来支撑我的自我价值，我不再需要用它来给我一种真正的力量感。

所谓活在世间却不属于世间，对吧？

我完全明白人生只是一场稍纵即逝的旅行。一切都结束得太快了。地球上的每一天都是非常珍贵和完美的礼物（即使存在着不可避免的悲剧）。

然而，我并不担心会离开，因为我真诚地相信，在我们的肉体化为灰烬之后，我们真正的存在还将继续。

我们最高的、最智慧的、最强健的、最不可战胜的、最高贵的、最永恒的、最博爱的自我——我们的灵魂——会回到它们最初到来的源头，向着无限继续前进。

我不认为他们回到的这个地方，或者更确切地说，更全身心投入的地方，会是一个我们应该害怕进入的坏地方，会有着什么炽热的火焰和邪恶的阴间统治者向天使挥舞着干草叉，向圣徒咒骂。

不。一点也不。

我相信在我们死后，我们只是回到光中。回到一种有着完整的创造力，完全的真理，史诗般的幸福，无限的爱，还有着非常棒咖啡的地方。

好吧。也许我在咖啡的部分有点写过头了。

然而，请允许我以另一种方式来讲好这段哲学演说……

这几乎就像，当我们在地球漫步时，我们住在一个三星级或四星级酒店。

然后在我们死后，没有任何悲剧发生，真的。我们实际上得到了升级，住在了五星级酒店。

之前的地方虽然看起来不错，但是新地方会让你大吃一惊。

当你知道自己会到达一个更好的目的地，你为什么要抵制这种转变呢？

64

为什么亚里士多德睡在地板上

我的一个密友是一位畅销书作家。

我说的不是那种几百万册的畅销书作家。我指的是那种有着真正非凡销量（没错，销量过亿）的畅销书作家。

一天晚上，当我们在欧洲的一个小镇上共进晚餐时，他和我分享了一些至今仍在我心中久久难以忘却的东西。

这位作家解释了他罕见的成就是如何让他倾向于停下来，接受他技艺的当前边界，进入一种防御模式来保护他的成功；而非继续出击、在进攻中变得更加精湛。他在自己的领域内所取得的成就比大多数人都要多，所以他有资格去享受他的荣誉，不再做太多的事情。他什么都不需要，也没有什么可证明的了。

然而，他明白，没有什么比成功更为失败，历史的创造者总是保护他们业余方面的激情；大师的特点就是他们从不认为自己是大师；传奇人物从未停止过在自己领域的追求，并在其中处于领先地位，他们变得如此优秀，以至于他们与其他人完全不在同一个轨道上运行。伟大的高尔夫球大师鲍比·琼斯（Bobby Jones）在看到杰克·尼克劳斯（Jack Nicklaus）在大师赛上所展现出的天赋时评论道："他玩的是一种我不熟悉的游戏。"

即使你在顶端，也要不断追求更好的主要原因，不是为了获取更多的名声、财富和奉承，而是为了体验更大的个人成长，是为了收获更多你看不见的才能，是为了提升你的性格，通过激励自己生产出更多的价值，同时尽职尽责地服务于你最崇高的精神自我。（是的，我非常相信在世界一流的地方工作是一种高强度的精神锻炼）猜猜我朋友做了什么？他在一家很便宜的汽车旅馆（不是酒店）订了很长时间的房间，并开始创作他的下一部不朽且影响深远的巨作。

他强迫自己远离日常生活中的奢侈品和便利，回归基本，脚踏实地，跳出舒适区。因为奋斗是原创性的深层源泉，克制让我们变得更加强大。

这位备受尊敬（而且非常富有）的作家住在廉价的汽车旅馆里整整一年，写出了他职业生涯中最好的一本书。

我曾读到过，亚里士多德每隔几周就会睡在石头地板上，以使自己保持坚韧、脚踏实地、灵活和谦逊。

我还读到过，年轻的斯巴达人会在寒冷的条件下训练，只穿一件束腰外衣和凉鞋，为他们在战争中面临的残酷考验做好准备。当他们奔赴战场时，他们的母亲会叮嘱他们道："胜利归来或是战死在你的盾牌之上。否则，就别回来了。"

我们如今已经形成一种太容易受伤、太脆弱、太容易被打击的文化。我们的社会充斥着"玻璃心"、抱怨者和享乐主义者，他们每时每刻都只想要安逸、快乐和奢侈。

然而，要想完成经得起时间考验的伟大作品，过上让你引以为傲的生活，你就得把自己置身于艰难的境地，强迫自己去做困难的事情。这样，斗争才会让你发现自己隐藏的力量、信心和才华。

我很欣赏斯多葛派哲学家爱比克泰德的这句话："但，无论是公牛还是高尚的人，都不会一下子变成现在的样子；他必须先进行艰苦的冬季训练，为自己做好准备，不要贸然去做不适合自己的事情。"

我尽我最大的努力去践行我在本章中鼓励的自愿苦修理念，无情地强迫自己尝试新事物，测试新机会，挑战我的制胜公式，更早起床，更久禁食，更努力锻炼。伸展自己和不断成长是避免过时和冷漠的唯一途径，而后者会让你早早进入坟墓。

在好莱坞，我经常想起一个词："跳鲨鱼"，它提醒人们永远不要把成功视为理所当然。关于此，我想再多说些。

很多年前，有一个非常受欢迎的电视节目叫《欢乐时光》。在这部情景喜剧中，炫酷的主角（由亨利·温克勒扮演）是一个名叫阿瑟·方扎雷利的坏男孩，通常被称为方齐或方兹。每周都有数以百万计的人收看这一节目，这一节目引起了轰动。（我喜欢这个节目，甚至有一件与剧中方齐一样的黑色仿皮夹克。）

就在节目最成功的时候，情况开始出现了变化。

故事情节开始失去连贯性，故事的吸引力开始下降。对话变得重复而沉闷，许多曾经富有想象力的想法都开始变得乏味。

我的猜测是，在网络电视的顶峰保持了许多季之后，一些高薪演员开始感到乏味，许多编剧也陷入自动驾驶模式，他们开始恐惧尝试一些有创意的东西，那可能会让他们摔个半死。曾经令观众惊叹不已的独特之处就这样离开了这座影视的大厦。

在其中一集中，设定的前提似乎纯粹是为了吸引眼球：方兹要穿上一副滑水橇，从鲨鱼身上跳过去。难以置信，对吧？

尽管方兹实现了这一壮举，但“跳鲨鱼”也成了娱乐圈中一个当剧集超过保质期时使用的术语。这是一个警示性的短语，用来警醒创意人员，不要用懒惰的方式来吸引人们对他们产品的关注，因为他们已经太安逸了，无法提升到创新的下一个层次。要避免过于专注于保护自己已经获得的成功，从而导致你无法继续成长，无法承担那些会让你赢得更多的风险。

65

像迈尔斯·戴维斯那样打破你的制胜公式

昨晚我看了一部关于爵士乐重量级人物迈尔斯·戴维斯的纪录片。你也一定会喜欢这部片子的。

我从中了解到……

迈尔斯·戴维斯在一个富裕的家庭中长大，却仍难以摆脱种族偏见的影响。当了解到这些时，我不禁痛心疾首。

他起初与查理·帕克和杜克·艾灵顿等大师一起演奏，模仿他们的风格，直到后来，他鼓起勇气打破现状，决心创造一种全新的演奏方式。

他喜欢法拉利、量身定制的西装和其他来自上流生活的吸引物，并对酒精、毒品上瘾。

他非常不在意别人的意见，看起来几乎完全忠于自己的本性。（哦，这是多么难得和重要啊！）

从他醒来的那一刻到他入睡的那一刻，他只想着一件事：音乐。其他的都不重要。真的。

然而，这位在75岁时突患中风去世的小号巨人的真正杰出之处，在于他坚决地不去重复他的致胜公式。

迈尔斯·戴维斯以《泛蓝调调》为代表，以其萦绕不去的旋律和空灵之美，彻底改变了爵士唱片听起来的样子。

后来，随着20世纪60年代后期摇滚和乡土爵士乐的兴起，他出人意料地改变了策略，褪去了量身定制的西装，进入一个全新的魅力舞台（戴着像杰姬·欧一样的大太阳镜，穿着流苏衬衫和柔软的皮裤）。

他的专辑《泼妇酿酒》被吉他手约翰·麦克劳林（John McLaughlin）形容为“音乐中的毕加索”，展示出了一种近乎迷幻的革命（和反叛）风格。

然后他开始尝试电子音乐，从而推出了一种全新的爵士乐形式。

在纪录片的一个场景中，迈尔斯·戴维斯的儿子透露，父亲从来就没有把他的旧唱片放在家里过。他对他以前做过的事完全不感兴趣——他只对他当下正在做的事感兴趣。他更着迷于挑战极限，探索新的领域，追求艺术的扩张，这种扩张总是存在于正常、可接受和商业可行性的对立面。

正如在他的乐队中演奏的一位音乐家所观察到的那样："他不想让我们演奏我们知道的东西。他想让我们演奏那些我们所不知道的东西。"

所以他（还有他们）将永远走在他们所处领域的最前沿，并展示出一种突破性的风格。这种风格将在丰富多彩的未来保持酷炫、有意义和鼓舞人心。

66

穿着闪亮紫色西装的反脆弱艺术家

纳西姆·塔勒布的“反脆弱”概念（它讲的是在面对更大的障碍时变得更强大的能力）与我内心中战士和诗人的一面产生了共鸣。

在祈祷、冥想和写日记的过程中，我努力而长期地练习成为，当事情越有挑战、越有阻碍时我就会变得越坚定、越勇敢的那种人和那种创造力量。

要知道，想要在面对动荡时取胜，便要获得无限的突破。

这让我想到了我家书房外的一幅画。

一位称我的作品对他很有帮助的读者，慷慨地把这幅画送给了我。我很感激这份礼物。

我把它放在书房外，以便我在每天早上开始写作之前和晚上下班离开之后都能够看到它。

看到它就会让我想起真正的艺术家是怎么做的，以及真正的例外论者是如何行事的。

画像上的戈德·唐尼是悲呼组合（Tragically Hip）乐队的主唱，这支乐队是有史以来最伟大的摇滚乐队之一（尽管他们在全球范围内并不是那么有名）。

我看过他们四次现场演出，包括在旧金山菲尔莫尔的一场近乎宗教盛典般的体验，以及他们在家乡加拿大金斯顿的最后一场演唱会，我的女儿和儿子当时就站在我旁边的椅子上，高举拳头，睁大眼睛，期待着夜晚的到来。这段经历也有点悲剧色彩，请允许我解释一下为什么……

唐尼是来自超凡世界的杰出人物。他的歌曲创作和演唱是那么气势磅礴、意气风发。当他做自己的事情时，他所采取的方式与我所见过的任何一个头面人物都不像。即使在最佳时期的贾格尔也只能算勉强接近。

这是超越的典范，每天都激励着我

戈德·唐尼是一位表演家，他催眠观众，在舞台上创造了令人着迷的技巧，并像很少有人做过的那样引导逝去的传奇。

然后便发生了翻天覆地的事情。生活总是如此……

12 月，唐尼在金斯顿过圣诞节，在繁忙的街道上行走时，在目瞪口呆的旁观者面前突然发病晕倒。

经过缜密的检查，他的医生在一场人山人海的新闻发布会上宣布：这位音乐家患有一种罕见的脑癌，即胶质母细胞瘤，并且预测已经是晚期了。

有人建议唐尼逐步停止他的事业，开始告别，不要再和他深爱的乐队一起去巡演了。

但唐尼是反脆弱的。他决定继续坚持下去。

The Hip（他们被歌迷亲切地称为 hip）在他们最后的一系列演出中，向所有长期以来支持他们的人表达了爱意。定制的礼帽、飘逸的围巾、耀眼的衬衫和紫色亮片西装，都是为这位巨星准备的巡演服饰。紧急救援人员则随时待命。

菲尔莫尔的真正摇滚明星

这是鉴于这种疾病，乐队成员担心他们的主唱可能会在舞台上发病，或者由于令人筋疲力尽的化疗，他将没有精力完成全部演出。

然而，有一件非同寻常的事我觉得非常有必要提一下：随着表演的继续，戈德·唐尼变得越来越强大。随着路演在一个又一个城市进行，他的能量提高了，他的魅力增强了，他的魔力放大了。

最后一场表演在电视上全国直播，有近 1200 万人观看，多伦多警察局在一条推特上总结道：“亲爱的世界，请注意，加拿大将在今晚 8 点半谢幕。”

如上所述，我和我的孩子们去看了那场演出。我们欢呼、鼓掌、跳跃、哭泣。音乐厅里的每个人都知道唐尼快不行了。

大约一年后，在黑山参加一次领导力活动时，我的一位朋友给我发了一条信息。当时太阳正落在亚得里亚海海面上，我坐在一间小屋的露台，这里曾经是一个渔村的一部分。在信息里，我读到，穿着闪亮紫色西装的反脆弱艺术家戈德·唐尼已经去世了，去了一个更好的地方。

67

一种让你的烈焰燃烧一生的大胆理论

当我为你写下这章内容的时候，天还没有亮。黑暗笼罩着我们的家，一杯新鲜的薄荷茶放在我的木桌上，旁边是一叠手稿。背景音乐放的是波蒂斯黑德乐队的《道路》。氛围恰到好处。

如果你和我坐在一起，你也一定会喜欢这种氛围的。

在黎明前的宁静中，我回想起许多善良的人心中，为了实现他们神圣的愿望、英雄般的渴望而燃烧起的熊熊烈火。然而，在一个充满着账单要付款、债务要偿还、义务要履行的世界里，可能性的熊熊烈焰逐渐化为失去机会的余烬。

你要知道，成长的不适感总比悔恨的心碎感要好。

这让我想起了安·兰德的一句话：

不要让你心里的火苗熄灭，在尚未、仍未和从未的绝望泥沼中，迸发出你不可替代的火花，要让英雄在你的灵魂中消亡，在奋力争取你那应得却仍未得到的生活的孤独与挫折中。你渴望的世界可以被赢得。这是存在的，真实的，触手可及的，它是你的。

因此，当你追求生命的召唤，让你的梦想成真，让你兴奋的事务变为现实时，永远不要让你活力四射的热情被你成年后的责任扼杀。

在一个人以梦游的形态度过他们生命中最美好岁月的文明中，继续前进，通过经常去追求那些大众认为不可能的事情，为你无畏的威严加油。

68

重量级人物的工作原理

大多数人的工作方式都可以追溯到远古时代。

那种认为只要工作时间更长、工作更努力就会让你变得更好、更有效率的观念，早就已经过时了，而且漏洞百出。

它来自一个大多数人尚在工厂流水线上辛勤劳作的时代。通过投入更多的时间，他们才能创造出更多的产品。生产力与工作的小时数息息相关。

但现在我们生活在一个完全不同的时期。工厂时代已经演变成了“精通经济”时代。作为认知工作者和创意领袖，你我并非依靠在生产线上投入时间来得到回报，而是依靠我们的技艺为他人带来财富、影响力和魔法体验（是的，你是在帮助人们参与魔法）。将杰作推向市场的重量级人物往往才是获得最多金钱、赞誉、自由和精神满足的人。

以下是我想向那些从事着无可争议的艺术创作的人提供的一个主要观点：工作做得越多，往往收获越少。

然而，只有少数现代工作者明白这一基本的（以及可转换的）真理。当他们创作时，他们有着令人难以置信的卓越表现，当他们休息时，他们进行令人惊讶的深度恢复。

这也是我想让你们思考的格言：传奇产出者都是休息方面的专业人士。

能够持续出色工作的人都是那些比周围的人更加专注、更加有创造力、更加努力的人。每当他们工作时，他们真的是在认真工作（而不是玩手机、和朋友聊天、网购或者神游异国他乡）。

在他们怀揣着一种巨大的荣耀，成就了他们的超越之后，他们就隐匿了。

是的……他们消失了。不再出现。隐身了。

他们焕发新生。他们补充燃料。他们汲取养分。他们与日俱新。他们阅读。他们行走。他们增进厨艺，看精彩的电影，和家人一起欢度时光。他们打盹（打盹是我的秘密武器）。

这是一种季节性或周期性的运行方式，一天，一周，一个月，然后是几年，你饱含激情地工作，然后给自己足够的时间休息。因此，你可以把你的能量水平恢复到最高水平，以完成又一轮出色且极具创造力的工作。

我们一直被社会影响着思考生产力的方式，我们的文化规训我们，如果我们大部分时间都不是在“忙碌和坚忍”地工作，我们就会感到羞耻。这种工作方式是不正常的，也是反直觉的。把绝大多数的时间都用在工作上让你我精疲力竭、暴躁易怒、空虚不堪。它会侵蚀我们的能量、榨干我们的活力和精神，而这些能量、活力和精神都是我们超越同行并在历史上留下真诚的印记所必需的。

我只是不喜欢“忙碌和坚忍”的生活方式。因为在我的职业生涯中，哪怕只有一个季度的时间，这都是不可持续的。我认为，过度工作往往是一种伪装成生产力的不安全感及公开的逞能。

荷马在《奥德赛》中写道：“该发声时发声，该休息时休息。”

所以要记住，完成更多重要工作的秘诀就是更少地工作。在巅峰强度和真正的恢复之间保持周期性的均衡。这样在你工作的时候，你的每一份才能就都能得以施展。

69

小事就是大事

当我为你写下这短短的一章时，我很痛苦。

不是那种重大的、严重的、剧烈的疼痛。

不是那种。

它要小得多。

你看，昨天晚上不知怎么的，一只小昆虫闯入了我的卧室。就这样，在昨日漫漫长夜的大部分时间里，它（很可能非常快乐地）一直在叮咬我。

结果就是：这个不速之客在我毫无防备的身体上肆意妄为，留下了一块块红肿的斑点。

今天早上，当我泡在浴缸里时，我想起了美体小铺的创始人安妮塔·罗迪克曾经说过的话："如果你觉得自己太渺小了，影响不了什么，那就体验一下与蚊子共眠。"

小事情真的可以产生大影响。

实际上，在很多方面，我发现小事就是大事。

当你认为你的杰作已经基本完成的时候，不妨再花 6 个月的时间在一些微小的细节上努力，这将使你成为一名大师（并为你带来巨大的回报）。

以一种确保在营养计划中取得微小胜利的方式进食，随着时间的推移，你的健康状况会得到指数级的改善。

给一位最近让你大饱口福的餐馆厨师，或者给一家为你提供超额服务的服务商写一封感谢信，这会是一个有着重大收获的小举动。

花时间反思使你的企业得以成功的战略，然后制定规划来加速创新、创造价值及提供公共服务，这并不是多么大的举措，然而将这一想法付诸行动则可能会改变世界。

做一些小小的自律行为，比如坚持早起、保持友善、按时锻炼、信守承诺。这些看起来似乎都是微不足道的小事情，但每一个行为都有它的善果。如果你在一生中坚持做这些小行为，就会获得非凡的领导力和成功。

所以……

请回忆一下我在过去的几十年里一直在传授，并在整本书中不断强化的，对你的平凡英雄主义至关重要的，这句“思想文身”：细小、日常、看似微不足道的改进，随着日积月累，都会产生惊人的成果。

对了，记得确保睡前关好所有门窗。

70

成为一名有创造力的运动员

不要只是为了外表好看而健身。强壮起来，举起世界。

身体健壮，注意力才会更集中。当你坐下来创作时，你的耐力也会更强。锻炼身体，会让你最大限度地发挥自己的能力，想出解决重大问题的大想法。

定期锻炼，这样你就可以成为一个更好的艺术家。努力工作，这样你就可以成为一个更好的领导者。在跑步机上待久一点，这样你就可以像一个运动发起者一样活动了。

在我自己的生活中，我发现我的健康模式和我的技艺质量之间有着直接而又深刻的联系。

当我通过刻苦训练、健康饮食、经常禁食、适当补水和合理休息，使身体处于最好状态时，我就能发挥出最佳水平。我的大脑会更聪明，我的感觉会更愉悦（你的情绪会极大地影响你的表现），我可以在写字台前多坐几个小时，沉浸在流畅的状态之中，我会有更强的意志力（以至于我能够不去查看社交媒体动态以逃避创作我一直抗拒的高技术要求的部分）。

加强体育锻炼可以让你赚更多的钱（因为你能够提高你的生产力），帮助你在家人面前更有耐心、更加平和、更有爱心（这得益于强化的神经化学运动），并增强你的敬畏感、好奇心和活力。

所以，我充满爱意但又坚定的鼓励是，要变得超级健康，这样你就可以把诗歌推向宇宙。看看你能行进多远。通过你挥洒的星尘让更多人的生活变得更好，同时你也在这个过程中优化自己的生活体验。

是的，成为一个有创造力的运动员。这不仅仅是为了拥有更瘦的腹肌和更紧致的臀大肌，也是为了建设一个更好的文明。

71

如何成为超级产出者

在社会心理学领域最引人入胜的一项研究之中，8 名 70 多岁的老人被带到一个经过改造的修道院，研究人员精心布置了这个修道院，让它看起来和 22 年前一模一样。

在试验开始时，这群老人一些弓着腰，一些拄着拐，颤颤巍巍地进入大楼。过去那个时代的音乐响起，书架上整齐地摆放着那个时代的杂志和书，以及文物，以至于参与者们好像走进了一个时间隧道。

这项研究的领头人、特立独行的哈佛大学教授艾伦·兰格如今已经被誉为“积极心理学之母”，她指导着这些人像 22 年前的自己一样思考、感受、说话和行动。他们被引导像在过去的那个时期一样生活，就好像他们真的回到了过去。

在修道院待了 5 天之后，研究人员测试了一系列有关年龄的生物指标。值得注意的是，这些男性看起来更年轻，身体更柔软，手的活动更加灵活，甚至有着更好的视力。在等待送他们回家的面包车时，他们参加了一场激烈的触身橄榄球比赛，并像少年一样大喊大叫。

在研究这一惊人试验的结果时，兰格得出结论，当参与者进入年轻时的自我时，产生的幻觉致使他们的认知和自我身份被重构了。相较于相信七十多岁的人应该如何表现的文化偏见（和社会洗脑），他们打破了这个叙事，变得更年轻。因为他们对自己的看法已经截然不同了。

对我来说，这是一个改变人生的例子，说明了重构你的自我身份是如何改变你表达自己的能力的。这是一个关于你的个人叙事是怎样决定你如何展现自己潜力的奇妙模型。人类的行为从来不会与他们对自己的认知不一致。他们只是没有正确的认知。

如果你不认为自己是那种有能力取得世界级成就的人，你甚至都不会开始去做取得世界级成就所需的工作。因为这样做对你来说又有什么意义呢?

如果你认为自己没有能力实现梦想，你就不会寻求指导，不会投资学习，也不会执行实现梦想所需的各个步骤，因为在你的思想和内心深处，一个消极的结局早就注定了。

如果你不相信你有能力塑造我们的世界，改变你自己的命运，你就不会保护环境，善待陌生人，帮助不幸的人，因为你已经预设了一个结论：你是不重要的。上天主宰着你的命运。

这种方式创造了一个自我实现的预言。

你对自己能力的认知有力地塑造着你的现实状态。你虚假的心理、情感、身体和精神状态是阻碍你进入通往实现你最大愿望的高速公路上的路障。任何对你个人伟大性的怀疑都会导致怀疑的结果——让你感觉更不自信。这让我想到了超级产出者是如何行事的。

当我们认为我们每天都能看到现实时，实际上我们的观察只是一种对现实的感知。我们通过自己独特的过滤器处理所有外部事件、条件和体验，使用的是我们自己的个人镜头。用神话学家约瑟夫·坎贝尔的说法，这是一种“彩色玻璃窗”。

在你的一生中，这个过滤器是由我在指导方法中称之为“5 个创造性工具”的方法构建而成的。通过对这些工具进行改进和优化，你将完全重构你的个人叙事，了解生活是如何运作的，以及你在其中产出惊人成果的能力。

重新塑造和完善你的个人故事，你将开始感知到一个全新的世界，一个经常陷入悲观、匮乏和持续的不安全感之中，很少能瞥见眼前的可能性和机会之海的大多数人，几乎从未见过的世界。

不断提升你的自我认同，你的行为就会转变，以适应你对自己可能创造、实现和成为什么的新理解。每天坚持这样做，你绝对会形成一个积极的反馈循环，你的积极行为会不断产生良好的结果，满足你新的、更健康的身份，然后产生更多的积极行为。

这是任何人都可以遵循的超越过程，无论他们的年龄、国籍、经济背景或教育程度如何，这都会从根本上改变他们的生产力、经济条件、幸福程度和影响力。

以下是我通常只在我的在线培训项目“传奇圈”中传授给客户的学习框架，现在我很高兴与你们分享。

超级产出者是如何做到的

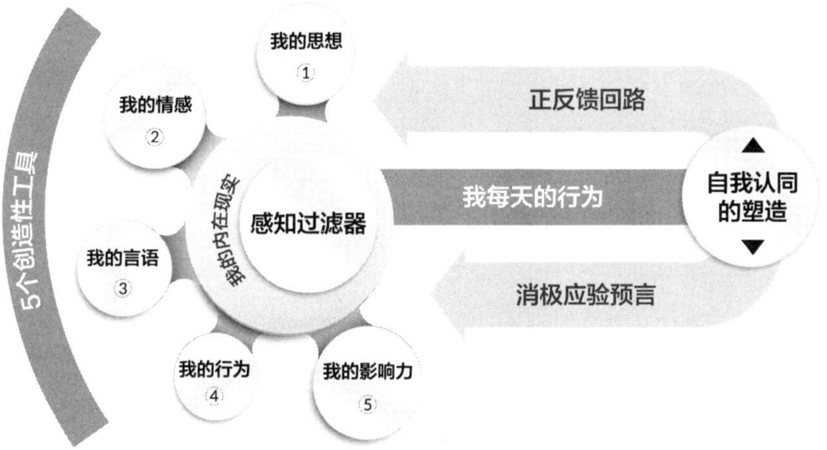

正如你所看到的，为了重构一个全新的个人故事，优雅地重塑你的个人身份，你需要部署的 5 个创造性工具是：你的思想，你的情感，你的言语，你的行为和你的影响力。随着时间的推移，这些力量创造了你处理世界的过滤器，形成了你自己对世界如何运行的独特理解及你自己在其中扮演的角色。再次强调，改变你对现实的看法，你就能真正地改变现实。

当你提高这 5 种工具的质量时，你对自己的看法也会随之提高。当你重新改写你看待自己的方式时，你成功的质量、内心的快乐感和平和感也都会随之提升。

通过仔细观察这个视觉模型，你可以看到，要想成为一个超级产出者（以及一个能够充分展现你的天赋、才能和美德的英雄人物），应首先净化这 5 种力量，它们创造了你的内在现实，也塑造了你处理外部世界的方式。

不断完善你的内在生活，你的行为就会改善，与你增强的自我认同和先进的认知相匹配。你更好的行为会给你带来积极的结果，从而建立一个积极的正反馈循环，确认你现在是那种可以取得世界一流成绩和拥有壮丽美好人生的人。反过来，这会使你的思想、情感、言语、行为和对影响的选择都变得更好。形成一个积极的正反馈循环，创造非常有价值的向上的成功螺旋，如果长期应用，就会累积成爆炸性的收益。

或者……

如果你的 5 个创造性工具都很平庸，它们就会创造一个消极的感知过滤器，当你通过它来理解现实时，就会建立一个消极的自我认同，然后产生与之相匹配的消极日常行为，从而创造一个消极的自我实现的预言。因为你的内心生活和与现实互动的劣性方式会强化你看待世界的消极方式，尽管事实并非如此。

所以，今天，我要鼓励你仔细看看你的 5 个创造性工具，致力于净化你的思想，提升你的情绪，润饰你的言语，使你的行为更精通，并确保你周围的影响是令人振奋的、极好的，与你追求的卓越标准一致。

然后进入我们的世界，继续坚定地成为那种超级产出者，以及你我都知道你值得成为的那种非常了不起的人。

72

月球漫步后的痛苦

阿波罗 11 号宇航员巴兹·奥尔德林是第一批登上月球的宇航员，当他被问及在那里是什么感觉时。他充满诗意的回答是:“壮丽苍凉。”

然而，随着时间的流逝，这个曾在月球表面行走了大约 3 小时的英雄，一直在与抑郁症和酗酒做斗争。他充满了一种漫无目的的感觉，在经历了这次改变一生的体验后，他再也无法找到一项能够激发他热情的事业。

一个人在登上月球后该如何继续前进呢?

奥尔德林在他的回忆录《壮丽苍凉》中写道，登月后，他的状态是“没有目标，没有使命感，没有值得投入的事业”。

所以……

当你攀登到更高的例外主义的高度，达到你最优秀能力的更高境界时，需要当心“月球漫步后的痛苦”现象。任何精英人物在实现他们一直梦寐以求的目标后，都会有一种感到不适或冷漠的倾向。

你已经完成了你计划要做的一切。很可能，你已经实现了你认识的所有人都无法实现的勇敢目标。你现在拥有了你最富有的想象力和最奢侈的热情所带来的声誉、事业、财富及生活方式。你成功了。你是这个星球上的佼佼者、头条人物、真正的重量级人物。世界一流已成为你的新常态。然后呢?像巴兹·奥尔德林一样，你想知道怎样才能超越它。这让你感到空虚，并处于焦虑状态。

解决方案是什么?很简单。永远不要将就。永远不要停止设定目标，然后朝着你的下一个目标和更令人兴奋的挑战前进。所以，你要不断地探索隐藏的和看不见的创造性天堂，你要不断地沐浴在未知宇宙的明亮光芒中。这样你就能经常踏上令人兴奋的冒险之旅。

并且，英勇地展现你神奇的自我中，之前从未被发掘的一面。人生最大的悲哀就是永远无法真正了解自己。

73

从那个被烧伤的男人身上学到的恢复力

领导力和勇气并非是天生的鲁莽，而是当你感到恐惧时你会如何应对。

我们所认为的救世主、守护者和保护者，其实大多数都只是善良的普通人，他们在逆境、受到威胁或危险的时刻，发现了他们不曾知道自己所拥有的力量。想想圣雄甘地和艾米莉亚·埃尔哈特、艾伦·图灵，海伦·凯勒，艾米琳·潘克赫斯特和伽利略。

我们内心都有未发掘出的勇气。你比你想象中要坚强得多。

这让我想到了前世界一级方程式锦标赛冠军尼基·劳达，以及他在1976年8月1日的经历。

那是在纽伦堡的德国大奖赛的早期，当劳达以极快的速度过弯时，突然失控，撞上了一堵墙，他的法拉利赛车直接爆炸了。

劳达在接近425摄氏度的高温下被困在车里43秒。

他的身体被严重烧伤。一名目击者报告称，他的脸好像要从头上融化了。

劳达自己也承认："如果再多过10秒钟，我肯定就得死了。"

在医院里，他的情况看起来非常糟糕，一位牧师被请来主持最后的仪式。当劳达的妻子赶来、看到丈夫的情况时，她直接晕倒了。

这位传奇赛车手后来向记者解释道：

> 当我走进医院时，感觉很累，很想睡觉。但你知道这不仅仅是睡觉。这完全是另一回事。你只能用你的大脑挣扎求生。你听到了声音，听到了有人说话，你只是试着倾听他们在说什么，你试着让你的大脑工作，让身体做好对抗疾病的准备。我这样做了，于是我就活了下来。

仅仅40天后，劳达受伤的头上虽然仍旧缠着绷带，但他依然展现出

了惊人的斗志，将比赛头盔重新压在了头上，继续在意大利大奖赛上进行角逐，观众惊讶于他的坚韧和竞技精神，不禁为之倒吸一口凉气。

在蒙特利尔大奖赛上与 F1 传奇人物尼基 · 劳达共度时光

他说：“既然我能走路和开车，那为什么要躺在诊所里？”“这里才是我的世界。”

那天他名列第四。

退役后，劳达成了一名航空企业家及一位成功的商人，他很少在公开场合露面，并用那顶著名的红帽子遮住了他的伤疤。“我看起来丑是有原因的，但大多数其他人都没有，”他顽皮地笑着说，并补充道，“这顶帽子是为了保护我，不让那些傻瓜盯着我。”

你从这个坚强无畏的例子中可以得到的收获是……

收获 1　拥有你的坚韧

韧性和极度坚韧不是与生俱来的品质。不！它们是在危险的环境中锻造出来的性格特征。

当困难成为能够让你变得更强大的良药和补品时，为什么还要谴责它呢？把它作为良药，与它交朋友，这是促进你提升的必要条件。

所谓的“问题”，实际上是沉睡在你体内的巨大力量被唤醒和自我表达所需要的平台。

收获 2　重新开始飞驰狂飙

劳达承认他害怕再次参加比赛。

在险些与死神会面的 6 个星期后就回到驾驶位上，对大多数观众来说，这真是一种疯狂的行为。

但劳达知道，等得越久，他的恐惧就会越强烈。

就这样，他忍着疼痛，克服恐惧，回到了驾驶位上。你和我也都是一样的：当我们面临考验、悲剧甚至是灾难时，如果我们希望有职业操守，我们就有责任尽快站起来继续前进。

因为失败发生的地方也可以成为勇气展现的地方。生活不会为了任何人而放慢脚步。

收获 3　永远不要停止加速

劳达选择继续角逐，甚至在他离开赛道之后也是如此。

退役后，他创办了两家航空公司，写了一本书，继续取得连胜的佳绩。

你看，对于罕见的巅峰产出者来说，是永远没有终点线的。高端表现者如此热爱胜利，以至于退休和自满都被视为与死亡共舞。

这样的人不断提升自我以成就伟大，以至于在他们的运行系统中没有什么不起眼的地方。

高生产力的真正回报是实现你的天赋，以及在通往更高层次的例外主义高峰的旅程中，你所获得的东西。

像尼基·劳达一样，你绝不能偷懒。为了你最伟大的本性，你不应该停留在你的荣誉上。不要放慢速度，不要马虎，不要把你的自我认同建立在多年前赢得的奖杯上。你的伟大远不止于此。

这让人想起了著名心理学家亚伯拉罕·马斯洛曾说过的一句话："一个人唯一的对手是自己的潜力，一个人唯一的失败是没有实现自己的可能性。从这个意义上讲，每个人都可以像王室成员一样。因此，也必须像对待王室成员一样对待每个人。"

因此，如果当情况变得艰难时，你想要投降放弃，想想那个烧毁了脸的男人，然后继续，保持高速。

74

查尔斯·达尔文与极度敏捷优势

查尔斯·达尔文是一个很酷的家伙。

从 1846 年到 1854 年，他研究了八年藤壶。熟练掌握技巧的重要一点就是要有无比的耐心，不是吗？

他乘坐英国皇家海军贝格尔号环游了全球，在那里他有机会参观巴塔哥尼亚、塔希提岛和新西兰等地，从奇异的岩层到罕见的野生动物，他研究了一切。

他写下了 770 页的日记、1750 页的实地笔记，并将他的发现分门别类地记录下来。

然后，经过他所有的思考、训练和实验，他提出了进化论。

据我所知，他对于物种进化的解释的根本在于“适者生存”的概念。

让我们更深入一点，因为我认为它将帮助你度过我们目前所处的动荡时代。

在进入法学院之前，我在大学学习生物学的时候，我了解了每种生物身上都曾发生过的基因突变。

当突变产生了某种优势，帮助生物在新环境中茁壮成长时，新的形态就会留存下来，进行传播。然后，随着它不断（在竞争中）获胜，它逐渐占据主导地位。这个过程被称之为自然选择。

企鹅虽然是一种不会飞的鸟类，但它们之所以能存活下来，是因为它们习惯在水中游泳。

长颈鹿为了吃高树上的食物而长出了长脖子，这使得它们在艰苦的环境中茁壮成长，而它们的竞争对手则逐渐灭绝。

能够直立的人类有一个优势，就是能够寻找食物并将其带回大本营。所以我们还在延续。

一个物种的成员所拥有的品质，不仅能够使他们生存，而且还能使他们繁荣，并在不断变化的环境中获得优势。

你和我生活在一个巨变的时代。在创意、商业、技术、体育、科学和生活方面，我们所面临的环境正在发生根本性的变化。

所以……你要知道……

如果领导者有足够的先见之明，能够注意到周围的角落，能够引导敏捷灵活的组织提升价值，并且走在时代的前列，那么他就将统治这个领域。

热爱学习、培养新技能、展现专业知识的员工将会得到提拔和赞扬，即使在经济困难的时期也是如此。

那些拒绝按照常规做事并充满激情地发挥独创性的创意者将保持热度，而他们的同行则会逐渐落寞。

那些能迅速适应环境、每天超越自己、在不确定性中寻找快乐的人，将会在群体中占据主导地位。

这是达尔文教给我们的自然选择。

大自然确实会挑选出那些不够敏捷、不够好奇、不够勤奋、不够足智多谋、不够精通的人。他们将无法生存。因为他们很弱，拒绝或无法适应变化的环境。

教训是什么？当动荡来临时，不要拒绝成长的大好机会。否则你们最终也会像恐龙一样，被塞进博物馆，被带着印有超级英雄图案午餐盒的学生去参观。

75

高度繁荣的财富自由模式

这一章对于那些追求更加富足和自由的人来说非常重要。请参考下面的可视化模板。我知道它乍一看可能有点玄学的意味，但我可以向你保证，它非常具有实战性。

金钱自由模式

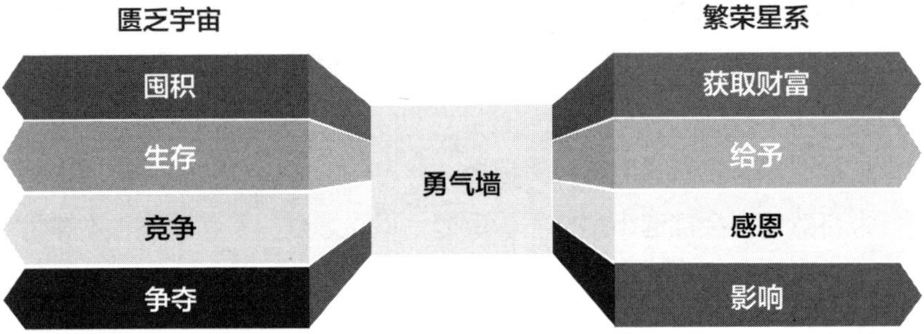

左边的一栏描述了大多数人采取的模式，这些模式的核心习惯使得太多优秀的人陷入了匮乏的泥沼之中，并导致了经济方面的不安全。

让我们来看看第一个：大多数人都在囤积他们所拥有的东西，紧紧抓住他们现有（或者只是通过举债购买而拥有）的一切，就像一个小孩子紧紧抓住他们最喜欢的午睡毯子一样。

但是，从精神方面来讲，过于严苛地掌握你所拥有的一切则会阻止宇宙给予你更多的东西。因为你的不安全感向“统治世界的力量”传递了这样一个信息，那就是你对自己所拥有的一切并不领情。因为你的心中充满恐惧，根本没有为繁荣的能量留出空间，从而更无法将其变为现实。

我的建议是让你的物品成为你的仆人，而不是你的主人。我们出生时一无所有，离开时也一无所有。在这两种状态之间，我们只是一位幸运地通过我们的劳动成果和命运的善意而临时享受这一切的看护者。别把你手上的东西握得太紧。不要让物质财富成为你身份（或自我价值）的基石。具有讽刺意味的是，当你学会了保持冷静的能力（即使你将失去一切），生活却也会通过送给你更多的礼物，来赞美你情感的稳定和充实。

转到下一个束缚大多数人的陷阱，许多人陷入了原始的生存思维之中，无法自拔。由于他们的恐惧（源于早期的创伤），他们无法在人类大脑的前额叶皮层中获得更明智的推理。相反，他们无意识地封闭了这种高级智能，仅在大脑的边缘系统中运作。他们被困在战斗、逃跑或冻结的反应之中，看不到身边创造繁荣的机会之海。他们的恐惧也封闭了通往内心的大门，以至于他们被拦截住，无法与自身与生俱来的创造力、聪明才智及欣然的天性相统一。

金钱是一个有关心理、情感（是的，甚至是精神）的故事。许多人都在讲一些无稽之谈，说什么金融财富是骗子、说谎者和小偷的势力范围。而且，财富只会出现在幸运的赢家或者那些天赋异禀的人身上。这些话实际上也反过来塑造了他们的现实，因为正如你现在所知，你的日常行为总是会反映出你最深刻的信念。如果你不是那种可以享受金钱自由的人，那么你就一定不会遵循那些可以积累财富的基本习惯和实践。哲学的匮乏常常伴随着期望别人伸出援手和给予帮助。因为这些人被这样一种观念所诱惑——即他们没有能力用金钱来实现他们对成功的憧憬。

然而，看看这个星球上最富有的人群吧。他们中的许多人都出身贫寒。他们一开始只有一个突破性的想法，一个能为全人类带来惊人的利益并挑战该领域传统方式的想法。而后，当事情变得棘手时，他们没有选择退缩，而是坚持了下来。这些富有创造力的英雄比他们周围的人都要努力。当问题出现时，他们没有逃跑。当嫉妒的批评家和愤怒的愤世嫉俗者试图诋毁他们时，他们没有逃避责任，反而是继续去完成他们伟大的使命。

再看看“金钱自由模式”的左栏，你可以看到，对于困在“匮乏宇宙”中的人类来说，竞争无处不在。那些居住在这个轨道上的人把世界看作一个有限的地方，而不是一个无限的地方。他们把商业（和生活本身）看作一场零和博弈：一方要赢，另一方就必须输。没有足够的资源让每个人都能得到他们想要的东西，所以恐惧就会存在于他们心中。这是一种错误的信念，它并非基于现实，而是基于某些特殊人群的一种有缺陷的心理和情感。

最后，正如你从教学案例中看到的那样，在一个被认为资源稀缺的世界里，资源被争夺，然后人们像大草原上的古代猎人一样疯狂地囤积资源，这一群体的人往往都是索取者。

他们从为之工作的组织那里所得到的比提供的更多。（如果一个人提供的帮助与他所得到的报酬不相称，那他就是在偷公司的东西，不是吗？）

他们会抢夺别人最聪明的想法，因为他们控制不了自己的力量，也不承认自己拥有原始的独创性。

他们接受不应得的施舍和福利，并以受害者的身份登场，因为他们忽视了自己的天赋，不相信自己天生具有塑造外界事物的能力。

好的。现在让我们看看图表的右栏，如果你仔细研究，你会发现它与左侧非常不同。你完全可以突破恐惧、穿越“勇气墙”进入这另一个星系，做与那些生活在“匮乏宇宙”里的人相反的事情。顺便说一句，与大多数人的做法相反几乎总是获得胜利的最佳策略。

在我超过 25 年来，指导过的所有亿万富翁和创业巨头中，几乎每一个人都是这样思考、感受和行动的：

他们发自内心地明白，他们想要的财富都已经存在了。它就在那里，等待着他们温暖的拥抱。他们认为，他们只是需要解锁市场中隐藏的价值，让他们能够获得他们所追求的所有财富。这些可能性主义者深信生活中的一切事物都是无限的。如果他们失去了一笔生意，他们会保持镇定，因为他们相信当时机成熟时，一定会有更好的生意出现。如果他们失去了宝贵的财产，他们真的不太在乎。因为他们知道大自然一定会展示出对他们的青睐。他们遵循的精神法则是，一旦你达到了不再害怕失去一切的内心自由和日常英雄主义的境界，你就什么都不惧怕了。

他们知道“给予”会带来更好的“获得”。他们并没有淹没在求生的恐惧之中，而是平静、实事求是地相信：我们的宇宙是一个充满无限机会的宫殿，只要出色、自信、合乎道德地抓住这些机会，就会带来无限丰沛的财富。天上的星星是无限的，人的头脑中可以想出的想法是无限的，你可以体验到的财富也是无限的。因此，他们热切地、尽可能自由而壮丽地奉献着自己的劳动和精神奇迹，这使他们进入一个金钱更易于流动的秘密领域。在那里，作为对他们仁慈的回应，奇迹是真实存在的，而且发生的频率惊人。宇宙有一个最公平的会计系统。

他们知道你所感激的东西会成长。你所欣赏的一切都会在你的意识中扩张。开始庆祝你所获得的一切吧，无论大小，从你家庭餐桌上的食物到一份让你有所作为的工作，从你能读到的好书到那些提升你状态的朋友，进而你为之喝彩的事情都将被放大。这样，更多的能量就会自然而然地流入你的生活。

他们痴迷于服务，痴迷于影响力。因为他们丰富了许多人的生活，一个充满爱的现实也会给予你很多的回应。

当我们一起结束这一章时，我想将凯瑟琳·庞德的一段话送给你。我经常向我的客户推荐她的书《财富动力法则》，让他们用诚信来衡量自己的财富：

> 关于繁荣令人震惊的事实是，你的繁荣是非常正确的，而不是非常错误的。请注意："富"这个词意味着拥有大量的好东西，或者过着更充实、更令人满意的生活。事实上，你的繁荣程度足以让你的小世界体验到和平、健康、幸福和富足。有一些正派的方法可以帮助你快速实现这个目标。这比你现在想象的要容易完成。

多么鼓舞人心，对吧？

76

放下手机，和人说话

今天早上早些时候，我造访了一家咖啡店。

当时我刚上完一节高强度的单车课，还有点出汗。原谅我。

我有一个充满新想法的脑袋，一颗致力于完成高强度工作的心（洗完热水澡后），还有一种通过自己的一些小贡献来使世界变得更好的精神。

排队时，我想到了一个令人兴奋的新在线课程概念。拿到咖啡后，我走向了离我最近的桌子，以便尽快在手机上记下这些想法。

正当我这么做时，我注意到一个男人坐在一条长椅上。他的胡子斑白，头发蓬乱，穿着一件农民样式的格子衬衫。但独特的是，他面前的桌子上放着一个带着金色铰链的皮革公文包。

我觉得很有趣。于是我对他说："早上好。"

他真的再礼貌不过了。

他以笑容回应我。我们交谈起来。他透露，他在康涅狄格州的一个只有八户人家的小镇长大，小镇位于大西洋边。他谈到了他的家人，分享了一些他的糗事，并用一些生动的故事逗我发笑。

我告诉他，我也是在一个小镇上、在海边长大的。我承认，我渴望住在悬崖边的小屋里，俯瞰水面，过上一种更简单、更修道、更简朴的生活。那是艺术家的生活方式，是蓝领、创造性劳动者的生活。

我们又聊了几分钟——聊了关于生活在海边的美好的人们，新鲜龙虾带给我们的乐趣，以及我们的世界需要更多的尊重、善良、关心和爱。

起初，我不好意思说，我以为我的新朋友是一个流浪汉，在咖啡馆里御寒。我现在意识到，他是某种意义上的王者，是个明智、温和且很老练的人，虽然呈现的方式很古怪。

我现在的感觉是，他是一个富有的渔民，也许是一家海鲜公司的老板，他来这个城市或许是为了和某位律师会面。但我真的不太确定。

我只知道，绝不能以貌取人。我需要更频繁地放下手机，去和更多的、会让我变得更好的人交谈。

77

生产力领域有史以来最短的一章

不要再重复你的局限性了。开始施展你的魔法吧。这是你一生之中难得的机会！

简而言之：胸怀大志，从小事做起，立刻行动。

（请开始吧，谢谢。）

78

商业是一场残酷的战争

我在写这章之前犹豫了一下。

我非常希望这本书能够激励你取得惊人的成就，让你达到自己的最高境界，发挥出自己的最高能力。同时，也希望你能够幸福地生活。

但我也决心尽我所能地保护你的安全，继续诚实地讲实话，即使我所讲的内容可能并不讨你喜欢。

所以我需要这样写：商业可以是一场兜风，也可以是一场血腥的竞技。

当一切顺利时，你可以追求你的创意事业，更充分地展现天赋，打造一个更美好的未来。

但当情况变得艰难时（总会如此）……

你信任的伙伴可能会背叛你。

你重视、鼓励和善待的队友可能会让你失望。

你曾帮助过的供应商可能会占你便宜。

嫉妒的竞争者和无情的抄袭者可能会偷走你的东西。

所以，虽然我相信你需要维护你的天真，保护你的希望，滋养你的乐观，这样你就能保持积极和坚强，但为了生存和繁荣，你也必须做那些能够保护自己免于受伤的事情。我们的世界是壮丽的，但同时也是残酷的。

还记得老电影《百万美元宝贝》吗？

电影中的教练不断地在告诫他所训练的拳击手什么？

永远不要放松警惕。

永远不要以为一切都会按照你的计划进行。

时刻保护自己。

所以保持你对人性中善良一面的信念。这点是肯定的。在我经营业务的这些年里，我遇到的大多数人都非常诚实、正派、善于为他人着想。

一定要期待在你的未来会有精彩的事情发生。相信我，这是真的。

但在维护自己的利益时，你也要谨慎。

“信任，但也要验证。”这是我脑海中时常出现的一句话。

正如：“要祈祷，但也需系好你的骆驼。”

因为商业是一场残酷的战争。胜利属于最强大的将军。

79

该严肃认真的时候要严肃认真

有一天，社交媒体上有一位好心而又礼貌的粉丝给我发了一条直白的消息：“你好，罗宾。你看起来总是那么严肃认真。你就没有娱乐过吗？你就没有放松过吗？”

看到消息，我笑了。

我的回答是：“需要严肃认真的时候我是严肃认真的。但不需要的时候，我也有很多乐趣。”

当我登场的时候，我真的会很努力。我会全身心地投入，而非偷懒耍滑。如果我不增加我的专业知识，不提升我的技艺，我就会走向被遗忘的陷阱，一只脚踩进过气者和失败者的坟墓里。当我开始自大到自认为是大师的那一刻，我就真的步入了不重要和被淘汰的境地。当我在写一本新书，亲手回一封邮件，为我的“传奇圈”在线指导课程的学员准备主题演讲或拍摄视频时，我是严肃认真的。因为我是专业人士。（我希望能够长期从事我现在的工作。）

也因为……

为我的客户和追随者提供绝对一流的成果，对我来说真的意味着我的全部。

锻炼我的技艺，并以一种代表我努力生活价值观的方式尊重我的职业，这是我所理解的正直诚信的一部分。

排除干扰，限制我的行动范围，并脚踏实地地致力于为我的人生旅程提高智力、情感和精神救赎的努力，这对我来说是至关重要的任务。

当我工作时，我工作高效、高强度，而且注意力最为集中。我以最高的标准要求自己，旨在激发出自己被困的灵感。这让我想起了剧作家萧伯纳写过的一段话：

我希望在我死的时候把自己消耗殆尽，因为我工作得越努力，活得就越充实。我因生活本身而快乐。生命对我来说不是“短暂的蜡烛”，而是我暂时握着的火炬，我想让它尽可能明亮地燃烧，然后把它交给后代。

然后，一旦我完成了（全部完成，清单上几乎没有剩下什么工作），我就会变得完全放松下来。

我会和我冰雪聪明的女儿开车兜风，或者和我开朗乐观的儿子坐在阳光下聊天。

或者我会努力地提高我做柠檬布卡蒂尼的技术（煮意大利面的水必须与橄榄油、柠檬汁、薄荷叶、佩科里诺奶酪和细面条混合，并完美地校准“奶油”的用量，使其恰到好处），或者泡在我的图书馆里阅读一本我从未读过的书，或者去健身房里挥洒汗水，再或看一部能够为我提供很好娱乐（并缓解我的疲劳）的电影。

因为就像我之前所说的，如果你太把自己当回事，那就没人会把你当回事。

我是认真的。

80

组织缔造者的四个主要沟通实践

无论你是在编写剧本、编写代码、在面包店工作、领导公司、教授瑜伽还是管理销售人员，你都需要建立一个狂热的追随者群体，他们将为你的产品进行宣传，成为你个人品牌热情的宣传大使。

这会让你成为一个“组织缔造者”。

要知道并相信，你越丰富、熟练、持续地发展你的组织，你在收入、影响力和精神满足方面的收获就会越多。

你让越多的人加入你的伟大使命，你服务的生命越多，你的未来就会有越多美好的事情发生。这通常都是以显而易见的巧合方式呈现的。

你帮助的人越多，你面前涌现的财富就会越多，不是吗？

有史以来最伟大的组织缔造者都有一个共同点：他们都是出色的沟通者。通过他们的语言和行为方式，他们能够说服人群跟随他们攀登高峰。

学者哈姆札·优素福说：“永远不要低估语言的力量。语言能够打动心灵，而后心灵舞动四肢。”

很长一段时间以来，我一直想分享我最好的一些想法，这些想法是关于杰出领袖和重量级人物是如何与更广泛的受众沟通的。所以我很高兴为你们创作这一章。

充分运用你在这一章将要学到的知识，将会为你在这本书上的投资带来数倍的价值回报。所以要集中注意力，系好安全带。

下面的学习模型描绘了组织缔造者的四个主要沟通实践：

组织缔造者的四个主要沟通实践

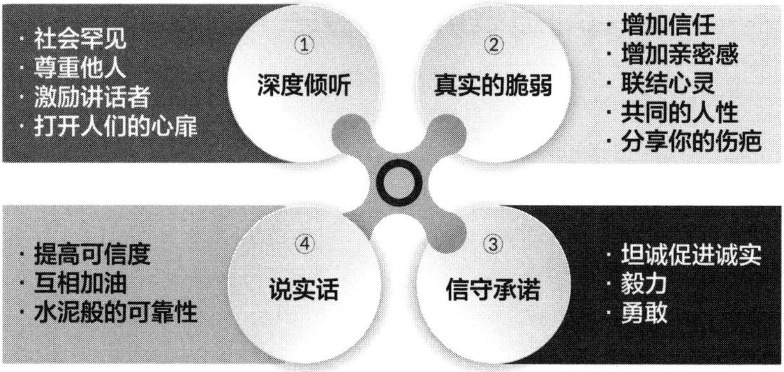

实践 1　深度倾听

第一，要意识到最善于倾听的沟通者就是学到得最多的领导者。如果只有你自己在一直说话，那你就无法成长。

第二，提问的人是谈话的主导者。要善于提出绝妙的问题，而且要真诚（当然，操纵问题会降低可信度）。

第三，深度倾听是我所知道的最好的行为之一，可以显示出对于另一个人的极大尊重，尤其是在当今社会，喋喋不休的人总是喜欢自己的声音。我不骗你：锻炼自己站在一个非常感兴趣的角度去倾听，同时强烈地希望理解说话者，这是一种强大的手段，可以让任何人都爱上你的使命、你的运动和你这个人。

完美的表现和真诚的参与（而不是查看消息、思考晚餐吃什么或排练答案）会让对方感觉到与你在一起有尊贵感、紧密感和安全感。所有这些都会极大地促进彼此间的信任。无论是在工作中还是在私人生活中，信任都是建立良好关系的基石。

实践 2　真实的脆弱

这是另一个非常罕见的特质，这意味着一旦你每天都执行它，达到习惯成自然的程度，你就会在你的领域中脱颖而出。

当你撕下大多数人为了看起来酷、受欢迎和避免被拒绝而戴上的社交面具时，其他人就会被你吸引（哦，有多少美好的机会都是因为我们为了保持冷酷而不愿冒险，太没有安全感而害怕出丑最终导致错过！）。你保持真实，勇敢地“做自己”，会让你周围的人也去做真实的自己，从而创造出一种文化，让人们觉得做真实的自己很好。随着他们一起进行一场引人注目的情感运动，你将缔造改变世界的组织。

把自己伪装成其他人，只是为了融入其他人，让其他人喜欢你，这会消耗大量的创造力、生产力和情感能量；一旦你有智慧和勇气做自己，这些能量很快就会回来，提升你的表现和影响力。

实践 3　信守承诺

在这个时代，信守承诺是如此简单，如此变革，如此不寻常。尽可能不要做出一个你无法兑现的承诺，要做一个富有创造力的领导者、杰出的表演家和卓越的人，兑现你所做的每一个承诺，无论是在某个项目上（在某个日期之前）提供卓越的质量，还是把你跟顶级客户在午餐会上说过要送给他们的书寄过去，或者开始组建你曾答应过朋友你会组建的跑步小组，再或每周至少三个晚上像你承诺过的那样参加家庭聚餐。

你所遵守的每一个承诺都会增加对方对你的信任。做你说过要做的事，不要放弃，你很快就会成为其他所有认识你的人心目中的英雄。他们对你的尊重、忠诚和钦佩会飙升，这是肯定的。

比始终如一地遵守你对别人的承诺更重要的是要坚守你对自己所做的承诺。践行这些，你将体验到你的意志力、信心和才能的爆发式增长，从而成就伟大的事业。你也会在荣誉和自尊中美丽地成长，然后将自尊转化为自爱，从而使你更加坚定地直面任何威胁你缔造迷人组织的阻碍。

实践 4　说实话

你所说的任何谎言都会被你至高无上的本我见证。你最好的一面能看到所有你最软弱、最自我的一面所参与的不诚实。

每一句不实之词都玷污了你的品格，每一次违背诚信的行为都损害了你的灵魂。每一次说假话，不仅消解了别人对你的信任，也伤害了你自己的良心，它会不断地把你扭曲成一个与自己的价值观、美德相违背，没有能力实现自己伟大使命的人。这种实现自己使命的能力可以让你在拥有更多隐藏潜力的同时，以某种方式服务社会。

即使你的声音在颤抖，你的手在发抖，说出实话也会提升你的尊严，增强你的可信度，并让你能够在命运为你的未来谱写下的非凡道路上光荣前进。

我想分享最后一个想法，以帮助你为你最热切的愿景注入动力，让你最引人注目的抱负充满活力，并将它们变为现实……

更重要的是，努力成为一名组织的缔造者，这不是因为你渴求“成为一个组织的领导者所带来的内心虚荣”，而是因为你对一个更加光明的世界有一个异常纯粹的梦想。改变历史进程的人很少有创造历史的兴趣。那些在我们的文明中留下印记的人，他们其实不太在意名利和权势，而是更注重自己是否有价值。

让我们所有人都过得更好。

81

那一次，我学会了如何放下

我们在一所房子里已经住了很长时间。

作为一名作家、领导力顾问和专业演讲家，对我来说，找一所安静的房子是非常必要的。没有爱管闲事的邻居、离树林很近。它需要是一个能让我心爱的家庭幸福的地方，一个能让我快乐工作的地方，一个可以让我从公共生活偶尔会有的紧张中解脱出来的地方。

我记得我在《金融时报》上读过一篇关于谁人乐队（The Who）传奇歌手罗杰·达尔特雷的文章。他谈到了他的旅行生活及他对未来的渴望：一旦旅行结束，就会去看看他在英格兰东苏塞克斯的花园和鳟鱼养殖场。达尔特雷称这种更简单、更慢节奏、更孤立的生活（即远离兴奋的人群和演唱会、体育场的生活），为他的“小生活”。

我也为我的小生活找到了一席之地。我们的家……

仅限于我刚刚买下它的时候。

然而，随着我们所生活的城市不断扩张，发生了这样的事情：

新的住房开发项目不断增加，这导致了更多的交通、噪声和更高的密度。

我以前几乎每天都要在附近的森林保护区里骑山地车，现在那里则到处都是游客、废弃的塑料瓶和难看的一次性咖啡杯。（上周，一只脱缰的狗差点把我的腿咬骨折。）

多年前好像还很遥远的小机场如今已经扩建了，以至于现在小飞机整天在我后院的郁金香花园上空嗡嗡作响。

当然，我也可以搬家。我明白这一点，也想到了这一点，而且最近也时常准备这么做。但问题是：这里是我们的家。我的孩子在这里长大。我在这里写下了很多本书。我们家大多数的高光时刻都发生在这里。

说实话，我心里还是很喜欢这个地方。它有着幸福、创造力和灵魂的光泽。

所以，今天早些时候，当我骑行穿过树林，经过塑料瓶和丢弃的咖啡杯时，我意识到了一些特别的事情。我家周围环境的改变是上天派来的天使，它激活了我内心中脆弱的部分，也使得我可以更清楚地意识到它们，与它们共存，处理它们，然后我就能释放它们。请记住：要治愈伤口，首先要去感受伤口。没有与恶龙战斗过，怎么会打败它。

命运邀请我利用它送来的东西提升我自己，而不是拒绝这个机会，希望事情一切如初。

我被更高的力量要求提高我应对变化的敏捷性，净化我的性格，更加勇敢、轻松、平静地迎接新的环境。去适应，去发展成为一个更强大的人，一个积极性、平和性和自由性都不依赖于世俗环境的人。

事实上，当我更加深入地思考生活给予我的这份惊人礼物时，我明白了，我是被鼓励去学习所有精神课程中层级最高的一课……

放手。

分离。

允许一切发生。

投降并拥抱生命所展现出的智慧。

接受所有的过往，把它们当作兑现诺言的祝福。

当然，我确实知道，如果我做到了以上那些，并继续生活下去，所有的噪声、垃圾和愤怒可能就都会消失。（要相信大自然知道它在做什么，并利用新奇的场景来提升自己，而不是去埋怨、抱怨和谴责。）一定会如此的。因为世界就是这样运行的。至少对我来说是这样。（也许那只坏狗的主人会花大价钱买一条很好的狗链。）

接受生活给你的教训，而不是与之抗争，一切就都会开始变得更好。

反对变革是在自找麻烦。抗拒你的新常态只会带来痛苦。至少这是我在地球这所大学校里生活了这么多年后所领悟到的。

这让我想起了性手枪乐队（Sex Pistols）的前贝斯手格伦・马特洛克

（后来被席德·维瑟斯取代）的沉思：“事情会继续发展。宇宙的运行方式就是默认处于一种不断变化的状态。”

既然事实如此，如果当下正在发生的事情比过去更重要（即使它看起来或感觉起来并不像），那为什么还要抓住过去不放呢？

82

你永远不知道站在你面前的人是谁

用体面、尊重和真诚的方式对待每一个与你擦肩而过的人。这不仅是正确的做法，也是最明智的做法。因为你永远不知道站在你面前的是谁。

曾经，有一位飞机上坐在我身边的乘客，后来我才得知他是我一位顶级客户的兄弟。

曾经在杂货店排队时，有过去参加过我研讨会的人站在我身后（当我把东西放在收银台的皮带上时，他们则会研究我要买的东西）。

曾经在国外的一家餐厅里，邀请我演讲过的某组织首席执行官就坐在我身后的桌子旁。

这让我想到了另一个故事……

都柏林有一家非常受欢迎的酒吧，当地人经常光顾。

一天晚上，三名年轻人坐在一桌喝着吉尼斯黑啤，嬉闹着，度过一生中最快乐的一段时光。

电话响了，餐厅经理接起电话，得知 U2 乐队的主唱博诺（Bono）很快就会过来喝一杯。打电话的人要求为这位标志性的摇滚明星预留一张桌子。

经理快步走到那些喧闹者的桌子旁。

“博诺要过来了。你们介意把桌子让开吗？”

“博诺？为了他，我们什么都愿意做。”其中一个朋友回答道，他们站起来找到酒吧的另一个地方，继续他们的喧闹谈话。

30 分钟后，戴着别具一格的太阳镜，伴随着一种习惯被人注视着的神气，博诺大摇大摆地走进了屋子。和他一起来的是一个穿着黑色皮夹克的安静男子。

两人在预定的桌子旁坐了下来，喝了一杯，几乎不理会其他人。

一看到博诺，三个年轻人快速冲到桌旁。

“嘿，博诺，我们是你的超级粉丝。我们能和你合张影吗？”一个人兴奋地问。

“没问题。”这位音乐家说。

另一个朋友看着那个穿着皮夹克的低调男人。

“嘿，伙计，你能帮我们和博诺拍张照吗？”

“当然，我很乐意。”对方礼貌地回答。

过了一会儿，博诺和他的朋友离开了那个地方。经理冲到这群还在尽情嬉闹的人面前。

“你们这群人真是愚蠢至极。我真不敢相信你们都做了什么！”

“我们做了什么？”一个年轻人不好意思地问。

“你们不知道和博诺在一起的是谁吗？”

“不知道。”这群人异口同声地说。

“那个穿皮夹克的人，你让他帮忙拍照的那个人，是布鲁斯·斯普林斯汀（Bruce Springsteen）。”

83

“一线”表现的 GCA 指数

随着我们在书中共处的时间接近尾声，我想为你提供一个学习框架，它将结合我的哲学中的一些核心原则，目的是为你实现无与伦比的生产力，专业的表现和美好的生活。

GCA 指数

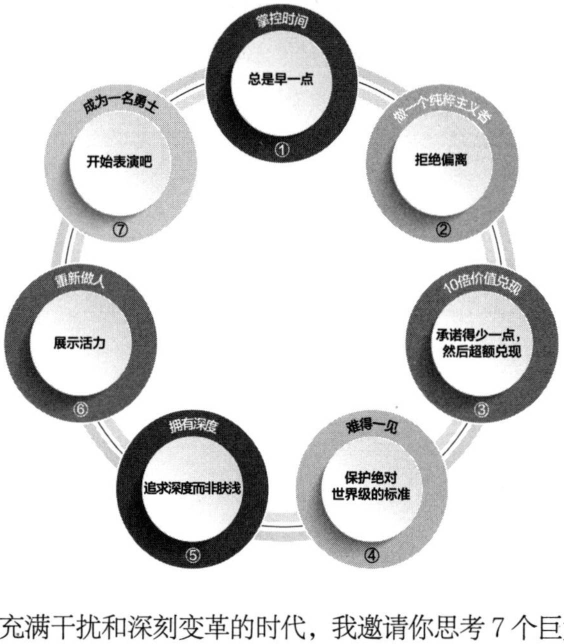

在这个充满干扰和深刻变革的时代，我邀请你思考 7 个巨大的竞争优势，如果你能坚持实践，它将使你在你的领域内立于不败之地。

在我为你介绍这些之前，我想先请你注意如今我们世界上正在发生的两件大事。

主题 1　人类的普遍平庸化

我不是在评判。我只是想说：今天这个星球上的大多数人都让平庸淹没了他们的生活。观察他们的工作方式、他们的想法、他们使用的语言、他们所吃的食物、他们的习惯和他们的行为方式，很明显，他们已经放弃了对自己的主权，转而熟练于错误的信念、过去的伤害、当前的挑战、日常的干扰和不可原谅的借口。这些善良的灵魂是为伟大而生的，如今却甘于让自己屈服于平庸。

主题 2　商业的集体去专业化

你最后一次在商店、餐厅或者咖啡店，看到员工在像艺术家一样工作，像大师一样全身心投入，技术精湛，知识渊博，是什么时候？如今，更常见的情况是，那些拿着薪水提供服务的人在玩他们的电子设备，想着午餐吃什么，和同事们一起混日子，本质上都是想办法少做事情，同时又伪装成努力工作（和关心他人）的样子。太多潜在令人敬畏的产出者走了弯路，犯了错误，没有真正投入，表现得非常不好，几乎没有为别人提供任何帮助，并且他们在与你互动时，还要装作好像在帮你一个巨大的忙。他们没能理解，其实是你和他们的其他客户选择了给予他们业务，让他们有了一份工作。出色的表现是通往更强大的自尊、个人快乐和精神力量的大门。

有了以上的背景，让我们来研究这七个 GCA，如果它们都在实践中得以完美地执行，就一定会使你成为主宰自己领域的顶级产出者，发掘自己的能力，并在最后体验到自己引以为傲的生活。

是的，这些 GCA 很简单。因为成功就在于熟练地坚持基本原则。

GCA1　总是早一点

我相信：如果你不早一点，就相当于晚了。提前一小时会比迟到一分钟更为明智。当我和商界的传奇人物共进午餐时，我刚到场时他们通常就已经坐在餐桌旁了，此时他们一般都在读书，或者在做创造力笔记。

GCA 2 拒绝偏离

人们很容易成为太多活动和财产的受害者。我一直在鼓励你们，在我们共同的旅程中，简化你的生活，成为一个纯粹主义者（和极简主义者）。只围绕着几项主要的追求来安排你的日子和生活。这样，你的天赋和才能就能集中在最重要的事情上，而不是分散在许多琐事上。

GCA 3 承诺得少一点，然后超额兑现

“10倍价值兑现”（10x value obsession）是我在咨询工作中提出的一个概念，指的是确保在与客户的每一个接触点上，你提供的价值都是他们合理期望的10倍；从最初的接触到售后的效果，你都让你的客户惊叹不已。不断累积回报，每一步都要如此，直到它变成彻底的魔法飓风，永远改变客户的生活。在长期坚持的基础上做到无懈可击，整个市场肯定会青睐你。无论总体经济状况如何，你都将进入一个无人能与你竞争的领域。

GCA 4 保护绝对世界级的标准

你对生活的标准将是你所能达到的成功、影响力和日常英雄主义水平的深刻指标。这里有一条非常有价值的法则：在生活中，我们所能得到的往往不是我们想要的，而是我们决定必须要的。无论你做什么，都要以最高的理想和行为准则来约束自己。永远不要做任何有损你曾经承诺要成为最好的自己，要拥有钢铁一般的优秀、坚如磐石的高尚和不可动摇的正直的事情。

GCA 5　追求粒度而非肤浅

这在当下轻浮的文化中，是一个大问题。许多人不再深入思考，不再深入分析情况，不再深入提高质量，不再深入讲求日常仪式，不再深入追求应用技艺的严谨，不再深入全面地开展生活。采用细粒度的方法就是成为一个重量级的经营者，在你的活动中锻炼出深思熟虑、耐心、细致、自豪和精通的品质，极大地使你与你所在领域中的其他人区别开来。做有实质性的工作，做一个有真本领的人。细粒度意味着拒绝所有马虎，抵制任何懒惰的迹象，以一种近乎完美、非常熟练又非常深情的方式完成你的工作和个人生活。这是多么大的优势啊！

GCA 6　展示活力

我还记得自己曾经站在科罗拉多州博尔德（Boulder）一家咖啡店的柜台前。我点了一杯咖啡，并感谢了咖啡师。他人站在那里，心却不在那里，你明白我的意思吗？他完全处于一种僵尸模式，没有存在感，精神恍惚。他的思绪似乎还在家里，他的心和灵魂可能在加勒比海的某个阳光明媚的假期里。只有他的身体在店里，毫无激情地走过场。在我们这个科技干扰层出不穷的时代："关注"是多么重要的一个词啊。你能给顾客及任何人的最大礼物，就是你全部的注意力。你能给你爱的人最大的礼物就是你的生命：当和他们在一起的时候，你能够全身心地投入，认真聆听。真诚、有兴趣地交流，完全融入他们。现在这种状况很少见了。然而，要想过上充满幸福、影响力和贡献的世界级的生活，这是必不可少的。

GCA 7　开始表现吧

开始上班，就来到了展示的时间。每天早上开始上班时，你就已经走上了舞台，你要去尽情地表现。你的表现要像上次那样好。你所做的一切，要么让你更接近伟大，要么让你更接近平庸。接受平庸的开始就会带来平庸的结果。所以当你开始你的工作时，开始表现吧。在你的职权范围之外行动，在你的重量级别之上出拳，任何低于此的行动都是对你原始天赋的破坏。

好吧。这就是七个巨大的竞争优势，如果经常应用，就会让你获得突破性的胜利，获得作为“一线”的巨大优势。我邀请你围绕它们加速你的训练。

开始这宝贵的一天吧。

84

史蒂夫·乔布斯的最后六个字

据史蒂夫·乔布斯的妹妹回忆，乔布斯的临终遗言是这样的：

“哇哦！哇哦！哇哦！”

当我前几天读到它们时，我被感动了，它在提醒着我们生命的脆弱。

我相信你的人生使命是让人类变得更加美好。是的，你一定可以的。

没有借口，不要逃避，不能拖延。

我知道你有着从未释放过的正在沉睡的潜力，以及渴望被发掘出的光明希望。

我相信你的恐惧会成为你获得更大成功的源泉，所以当问题出现时，你千万不要失去勇气。

我很确定，你的过去不会影响你的未来，除非你决定让它来影响你的未来。

如果你开始做出一些小小的新选择，然后不懈地坚持到底，你的生活就一定能够达到崇高的境界，我对这点充满信心。

我希望你能在闹人的噪声文化中找到一些安静的时间，重新连接信号，重温你童年的愿望，重新挖掘你被遗忘的优点，知晓这个无可争辩的真理：即使是最长寿的人，一生也不过是一段相当快的旅程。然而，在你意识到这一点之前，你就将成为灰烬。你我脚下的旅程转瞬即逝，你知道吗？

这是你对自己的反思，也是对那些依赖你、欣赏你、深爱你的人的反思。

“今天”即是一种奖励，充满了宝贵的赏金，值得欣喜庆祝。这是机会的礼物。去思考你从未想象过的理想吧！去承担你从未承担过的风险吧！去给予你知道应该给予的同情吧！为了一种崇高的思想、感情、行为和存在而勇敢地站在那里吧！

我们的文明需要更多的文明、尊严和勇气。我们真的需要你全力以赴。我们都希望你能够翱翔。这样，当你到达终点时，你就会惊呼：“哇哦！哇哦！哇哦！”

85

当事情看起来困难时，相信自己的力量

就在我给你写这封信之前，我刚刚骑着山地自行车穿过森林。

我在思考这样一个事实：作为人类，我们经常感到自己的渺小、脆弱，经常忘记我们所拥有的力量。

于是，在灵感的迸发下，我汗流浃背地离开了小路，放下自行车，当太阳落山时，我坐在草地上，用我的设备记录下了这些文字。

以下是我非常想与大家分享的：

当事情变得愈发困难的时候，也是一个相信自己力量的时机。

当困惑来临时，一扇让我们有机会变得更加清晰、透彻的机会之窗也随之打开。

当我们质疑一切时，我们也真正成长了。

当我们感到完全孤独时，我们与每个人的共同经历都联系紧密。

因此，我们团结一致。

在动荡和风暴中，记住你所经历的一切。

汹涌的浪涛最终都会变成平静的海水。
转型的不适将带来获取新智慧的幸福。
你的力量将变得更为清澈。

你比你想象的更坚强，
比你意识到的更勇敢，
并且比你理智推演的更能驾驭生活所为你带来的一切。

你就像骤雨一样强大。
你就像潮水一样势不可挡。
你就像丰收一样美好。
你就像指引着你道路的天空一样明亮、透彻。

当你害怕的时候，问问自己：英雄主义者会怎么做？
忧虑的时候，想一想：自信的人会如何表现？
生气的时候，思考一下：怎样才能够相互理解？
受伤的时候，去乐观主义者生活的地方。
没有安全感的时候，跟着自爱者的方向走。

一切都是围绕你的利益而展开。
没有什么会妨碍你的幸福。
你经历的考验会带来胜利。
你的善举会博得崇高的成功。

巨大的回报正在路上。

相信你的进程。

不要失去勇气。

不要把你的旅程与他人的相比。

你得到了完美的保护。

而且有着丰富的指导。

——通过那统治世界的力量。

86

如果你没有灵感，你就无法激励别人

著名的领导人、受人尊敬的革命家和世界历史的缔造者都来自一个有着不同寻常灵感的地方。

他们的天才之处不在于他们实现梦想的能力，而在于他们想象梦想的能力，然后激励追随者，让他们把梦想变成现实。

然而，这里有一个主要观点，是……

如果你自己都没有灵感，你就无法激励别人。

我知道这是很显而易见的。如果你觉得这听起来老套，那么我很抱歉。但我不这么认为。

我不太相信头衔。如果你读过《没有头衔的领袖》，你就会知道这一点。

然而，如果有一个我想在我的翻领（或黑 T 恤）上佩戴的职位牌，那就是：首席激励官。

世界级的领导者和专业级的表现者的工作是围绕一个单一的目标激励他们的队友，激励他们达到巅峰表现和最高水平。所以他们会变得比之前更强大。

服务型英雄（和传奇人物）的使命是抓住那些推崇他们的人的思想、心灵和灵魂。然后推动他们实现伟大的壮举，同时将惊人的利益分配给他们所服务的人。

然而，如果你自己的创造力和生产热情降低了，你就无法真正提升别人。

我非常认真地对待我个人的灵感。灵感是我所从事行业的核心工具。

我通常会避开大多数新闻，避开那些让我感觉不好的人，避开那些不会诞生奇迹的黑暗之处。

相反，我努力寻找那些能够提升我的期望，激发我的艺术水平，发展我的竞技，点燃我的运动激情的事物。

我将离开一个星期，在一个难以寻觅的沿海村庄中的一间空旷小屋里待着。因为我需要打一针强心剂来完成重点项目。一个新的地方能够带来新的活力。

这是我最近旅行的一张照片：

在海边的写作圣地

或者我会联系我欣赏、崇拜的人，只是为了和他们随便聊聊，达到一种兴奋不已的状态，恢复我对愤怒的掌控。

我会拿起一本能够激发我灵感的书。

我会去跑步而不是上网；我会去冥想而不是看煽情的电视节目；我会一边听着乡村音乐一边在花园里日光浴。

我会打开我的日记，画一张图表，描绘出我未来 24 个月的意图（意图是创造性的，还记得吗？）

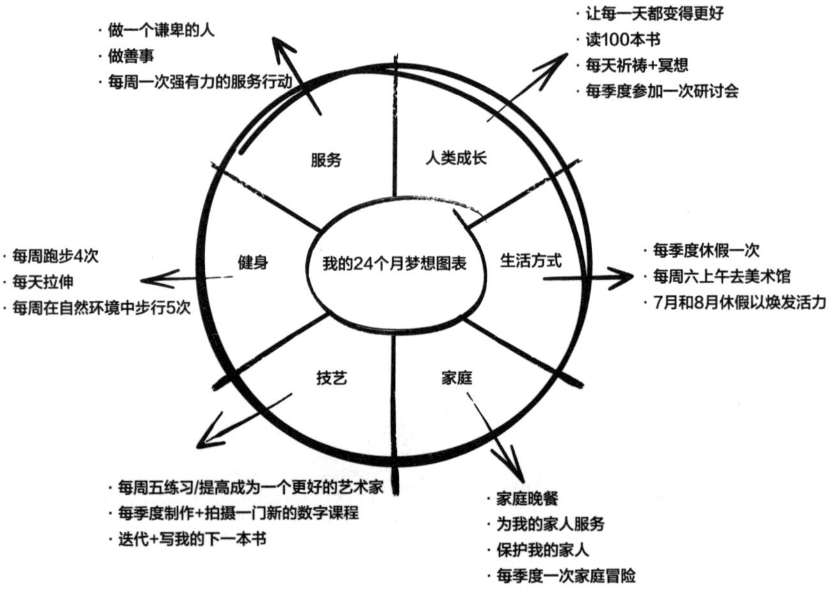

我会打电话给我的父母，向父亲询问人生经验，寻求他的指导，在得到我试图复刻的母亲最喜爱的童年美食食谱之前，倾听她的智慧。（这些天我正在学习复刻她的美味蔬菜汤）。

我将在我的家乡散步，探索新的社区，拍摄有趣的风景，并与有魅力的人短暂交谈。

我要看一部能够提醒我，传奇生涯不适合胆小鬼，所有的可能性主义者在获得轻松之前都要历经艰难的电影。（事实上，这从来都不是件容易的事：你只是对于危险越来越熟悉，从而更容易驾驭它，也不会那么快就放弃。）

我所做的所有这些事情都是为了点燃我追求卓越的意志，重新激活我最原始和最高效的生产力。催眠自己，让自己远离那些忙碌、琐碎和愉快的事情，重新专注于我对社会有益的责任。所以我不会在空虚中停留太久。因此，（在一个有太多行尸走肉的人群中）我生命中的纯真依然鲜活。

如今，我并不能说我总是有灵感。这是不对的。有些人认为我总是兴高采烈、精力充沛，有着不竭的完成任务的动力。不是这样的，我也是人，所以我也有我的情绪，节奏和状态好的“旺季”（有时只有一天！）

作为一名艺术工作者，我学会了相信这些灵感和消极情绪是交替循环的，意识到我的更高力量在引导我走每一步。当我对于制作高质量的作品和“唱自己的歌”最感兴趣时，这样做的动力就会出现。是的，通常是在早上5点。虽然不知道为什么，但它就是这样。

作为一名创意工作者，我相信灵感的迸发也是有季节性的，真的。

当我失去灵感、没有动力时，我就把它看作缪斯女神引导我进入淡季。我的直觉欢迎我休息一下（无论这意味着休息一个上午、一天或整个星期，甚至更长时间。我归来时将会充满活力和想象力；我梦想着在不久的将来到一个遥远的地方休一年的假）。

我知道欧内斯特·海明威和斯蒂芬·金这样的艺术家每天都在坚持不懈地工作。

我也非常理解普利策奖得主奥登的那句话：“对于聪明人来说，日复一日是野心的标志。”

怀特有句话很有道理：“一个作家如果只是等待理想的工作条件，他到死都不能在纸上写下一个字。”但这一点对我来说不太适用。

我的实际状况是：缪斯女神不会每天早上都来看望我，也不会每天晚上都给我掖好被子，为我讲童话故事，再给我一个甜蜜的吻。有时候，完整的段落是以如此不可思议的方式自然而然地写成，以至于我很难捕捉到它们。在其他的日子里，我只是盯着墙，数着角落里的蜘蛛网。

你猜怎么着？我开始明白，这一切都很好。这是我个人的进程。抵制它就是在贬低它。宇宙在引导着我，与它合作而非对抗才是对我最有利的。

我想说的是，我很少压榨自己的创造力。当我真的这样做时，我所做出的东西最多只能算是平庸。如果我不得不再次重来，那么为什么还要麻烦两遍呢？

甚至当我处于每天高效工作的激烈循环中，如果有一天早上我坐下来好好写作，但什么都没有写出来（或者只是写出了很普通的作品），我就会停下来。我会去散步或者和朋友们一起吃午饭，相信还会再有明天。

灵感。我多么喜欢这个词啊！保护它是非常重要的，所以你要做一些有意义的工作。

这个词本身来源于拉丁词根“inspirare”，你知道吗？它实际上的意思是“被吸入”……

依靠能带来好运的智慧。

通过实现梦想的思潮。

依靠具有戏剧性的成就、卓越的成功和无限影响力的神明。

当我为你写下这些时，我的期望是，你能够很好地管理你的灵感，然后自豪地把它推向渴望体验更多的公众。

是的，当你以这种方式工作和生活时，你会被称为怪胎，被认为是怪人，被归为异类，在当下的这种文化中，大多数人都失去了热情，放弃了敬畏。

尼采写道:“那些随歌而舞者，会被聋人认为是疯子。”

愿你我把这些话铭刻在我们的头脑、心灵和灵魂之中。

87

假如只剩下六个月的生命

我工作时，就像火在燃烧。噼啪声充斥着我的书房。原始无线电之神乐队（Primitive Radio Gods）演唱的《站在一个坏电话亭外，手里拿着钱》在我屋内播放。我知道这是一首老歌，但它仍然调动了我的情绪，让我觉得有些难过。

这让我感到好奇……

想象一下，只用一秒钟想象一下，你只剩下六个月的生命了。

用六个月的时间去完成你答应自己要做的所有事情。

用六个月的时间去参观泰姬陵，听贝多芬的《月光奏鸣曲》，看蒙娜丽莎（实际上看起来小多了，对吧？），探索吉萨大金字塔。

用六个月的时间，去给那些曾对你不公的人写一封原谅信（或是给那些你曾伤害过的人写一封道歉信），去给那些珍惜你并能看到你内心闪耀光芒的人无条件无限制的爱。

如果你只剩下六个月的生命，你会停止做什么？

也许你会列出这样的项目……

不要过度地把自己和工作等同起来。

不要在电子娱乐上浪费时间。

不要花太多时间在娱乐上，而没有用足够的时间在学习上。

不要为不必要的事情而生气，为鸡毛蒜皮的小事而烦恼，比如吵闹的邻居、糟糕的司机和沮丧的家人。

不要去听那些批评和厌恶的声音来贬低自己。

不要为自己的错误而感到自责，却忽视自己已经尽力做到最好了。

不要不断地回想过去，让一次令人失望的经历在你的脑海中重演成千上万次。

那你有足够的智慧和魄力去开始做什么事情？

比如记下并重新体验你曾经吃过的最美味的一餐，并回顾你人生中有幸享受过的壮丽时刻。

比如对所有那些你从来没有足够安全感，以对他们说这句话的人大声喊出“我爱你”（在你重返天国之前，他们需要听到你对他们的爱有多深）。

比如来一次毕生难忘的旅行，或者种一个特别的玫瑰花园，让你的朋友记住你。

比如多吃比萨，多吃意大利面，多品尝冰激凌。

比如在满月下裸体跳舞，读那些你忙得没时间读的诗歌，去你说过等你有时间一定会去的美术馆。

比如回到童年的家，带着一颗纯净的心和一段洁白的历史走在你小时候曾走过的街道上，散发着快乐、希望和纯真。我多希望我们都能更多地享受这种纯真。

比如在周日的下午小睡一会儿，在你最喜欢的餐厅里寻一张最好的桌子，或者一边进入你常去的咖啡馆一边唱歌。

比如对陌生人微笑（并且保持笑容的时间超过社会认同的时间），赤脚走在长满雏菊的公园里。

比如更多地和家人在一起。下雨或日落时，在神圣的森林里漫步，看着那金色的阳光透过树木。

比如对待你所遇到的每一个人，就像今后永远都不会再见到他们一样。因为生命是如此微妙，总会有意外降临。

如果只剩下六个月的生命了，你会做些什么？

这就是我要求你回答的问题。

这样你就可以更加英勇地度过你重要且卓越的余生。

88

你会将“名利”刻上你的墓碑吗

很抱歉，我们在书中共处时，我一直在提出关于死亡的想法。

但是，我也并不是完全感到抱歉……

因为思考死亡能够使我们重新聚焦于优先事项，重新校准我们的思维、激活我们的情绪、科学安排我们的日常生活。

当想到我自己的死亡时，我并不我沮丧，一点也不，实际上反而是鼓舞人心的。

我的日子屈指可数（不管大自然允许我活多久，生命都是如此短暂）。我清楚地认识到并密切关注了这一事实，这给我注入了一种活力、感激和紧迫感，让我在每一天中都积极表现出最好的自己。

与死亡联系在一起是一种有效的方式，可以让我专注于最重要的事情，从而过上有思想、有创造力、有价值和快乐的生活。

今天早上，我读了一本名为《论生命之短暂》的书中的一段文字，这本书是斯多葛派哲学家塞涅卡写的，他生活在罗马，是尼禄皇帝的重要顾问。

在我读到的这段文字中，他写道：

> 所以，当你看见一个人屡次穿着官袍，或一个人的名字经常在论坛上被提起，不要嫉妒他：这些东西都是他用生命换来的。为了让某一年以他们的名字命名，他们花费了自己的全部人生。

对我来说，这句话说明了我们必须认识到，许多人把自己最美好的时光花在追逐名声、财富和掌声上，这样做的代价是无法体验生活所能提供的真正的快乐、冒险和珍宝。

这些人每天都在朝着成功的顶点冲刺，最终却发现这一切毫无意义。

他们所做的一切只是为了在日历上有一年可以用他们的名字命名。

塞涅卡鼓励我们质疑并挑战这种无形且充满遗憾的体验人生的方式。

他补充道:“有些人在经历了无数次侮辱之后，终于获得了至高无上的尊严，但随后他们会被一种阴郁的想法困扰，认为他们所有的努力都不过只是为了一行墓志铭。”

我真的太喜欢这句话了。

这些人全身心地投入到所追求的这些事物中，一旦死亡临近，他们才意识到，这些事物不过是他们墓碑上的一行字。

其实并不值得，对吧?

89

抵制巨人的衰落

一旦你完全掌握了一门技艺，并成为你所在领域内的领军人物，就会营造出一种充满惊奇、成熟稳重、遵守道德、服务社会的生活方式。本章的学习范式将带你领略衰退的过程，这种衰退可以悄无声息地感染（然后摧毁）你的最高成就。理解它会帮助你避免它。因为有了更高阶的认知，你就能做出更好的选择，从而获得更好的结果。

硅谷传奇人物安迪·格鲁夫说过："成功滋生自满。自满滋生失败。只有偏执狂才能幸存。"

与我共事过的大多数商业大亨和体育巨头都是我所说的"乐观偏执狂"，他们对自己所获得的东西心存感激，希望罕见的成就能够持续下去，但同时他们也有这样的想法：如果他们把注意力从比赛上移开，他们随时都可能下场。他们非常清楚，拥有超级明星地位的时间是短暂的。

在我们研究这个模型之前，请先考虑一下物理学中被称为"熵"的术语，它描述了所有系统都面临的自然无序和逐渐衰退。熵解释了为什么曾经成功的人会变得无足轻重，曾经受人尊敬的公司会被扫地出局。

为了确保精英般的表现和最大化的影响力，你必须保持偏执的警惕，以防你作为一名创意制作人和杰出领袖所面临的自然力量会削弱你来之不易的成就。不持久的成功就不是很成功，不是吗？文学评论家西里尔·康诺利写道："上帝想要毁灭的人，首先是被称为有前途的人。"

好的。所以，让我们从你这个真正的、世界级的行业巨头开始吧。太好了。很少有人能达到他们领域内的顶峰。然而，你所矗立的山顶才正是最危险的地方。大多数牺牲在珠峰上的登山者并不是在登顶途中死亡的，他们是在站在山顶之后才出意外的。这些旅行者陷入一个尖锐的思维陷阱，认为他们到达了峰顶，他们的安全就有了保障。他们忘记了真正的危险就是在顶部出现的，比如氧气耗尽、因精疲力竭而犯错或错误计算下山所需的时间。

这同样适用于任何人或组织：在顶峰时，你必须最小心。自满有致命危险。

大多数的成功在巅峰期出现后不久就变质了。“世界一流”的保质期非常短。如何应对？真正理解为什么伟大是如此微妙，然后迅速安装一个“持久性的架构”，以便在你的影响力扩张的同时，你的掌控力和支配力也能得到积极提升。

从本章的模型中可以看出，在你到达领域内的顶峰后，你将面临的第一个压力是傲慢。你所经历的所有胜利都会使你产生一种倾向，认为你知道所有的答案，你永远是正确的、不会被打败。我的一个客户曾经可以说是这个星球上最著名的科技公司。一位高管坦率地告诉我，当创始人在会议上不再听取领导团队的意见时，他就知道公司会走下坡路了，因为创始人陷入了“自以为只有他自己才能预见未来”的陷阱，只因他曾经成功预言过，但最终结果证明他错了。这家公司如今只是一个很少有人谈及的失败者。

傲慢的解药是谦逊。需要去实践“反无关紧要准则”：当你在某个领域的主导地位上升时，要更加努力地避免沾沾自喜、骄傲和自负。脚踏实地，专注于你的使命计划，专注于你有幸为之服务的人类，永远不要忘记，如果你太自大，你就会在距离山顶仅一步之遥处跌落下来。罗伯特·休斯写道：“艺术家越伟大，受到的怀疑就越多。作为一种安慰奖，完美的自信都被授予给了那些不太有才华的人。”

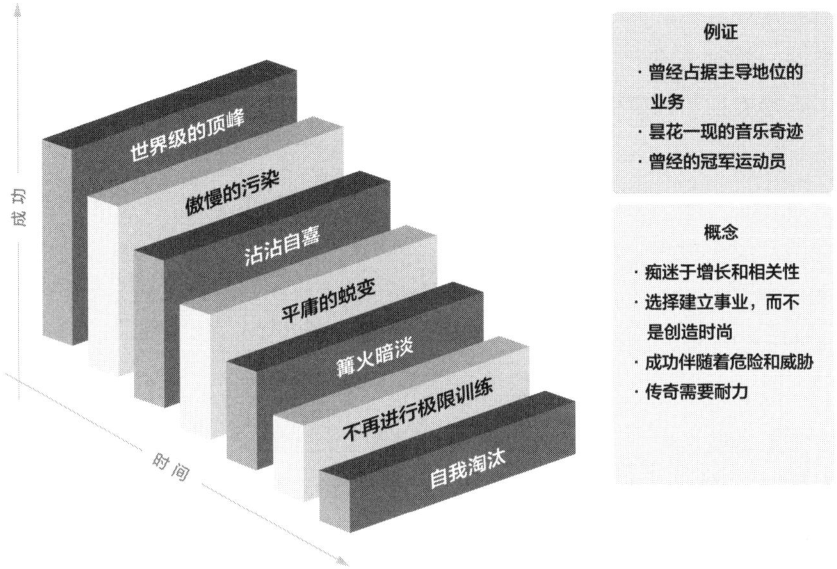

如果傲慢的心态影响了你的注意力和行为方式，正如你从学习框架中看到的那样，分解过程的下一阶段，是倾向于重复使你成功的制胜公式。你沉迷于保护自己所拥有的东西，而不是变得高效、富有创造力、充满勇气，并向市场提供更多真正的魔力。

在古希腊，用散发着芳香的月桂树叶子做成的花环被戴在获胜运动员的头上，以庆祝他们的胜利。但随着时间的推移，“不要躺在已经取得的成就上”这句话则成了对胜利者的告诫，以避免沦为平庸之辈。我强烈建议，确保你选择的是最正确的路，而不是最轻松的路，让你当下的工作仅仅作为复制你成功的赝品。否则，你肯定会成为昙花一现的奇迹。

当你在事业中处于顶峰时，你将面临的下一个压力是“平庸蜕变”。这里引导我们的隐喻是破窗理论。在一个著名城市的郊区，一些邻居看到几所房子的窗户破了也没有修理。这种看似简单无害的缺乏关爱的行为引发了冷漠和忽视的空气分子，并逐渐开始污染整个社区。因为平庸开始被接受了，其他邻居开始在他们的房屋及周边土地上乱扔垃圾。然后，前院的草坪不再修剪，花园则留给了杂草。这种不断蔓延的低标准感染了这个曾经辉煌的社区，导致了犯罪率的惊人增长。黑帮接管了一切，暴力无处不在。将破窗理论应用于你的技能、生产和生活，以及你领导的任何组织。并且要知道，如果你不高度警惕，平庸就会悄悄地占据上风。你甚至都不会注意到这一点。

一个人或一个帝国覆灭后的下一个状态都是失去对胜利的热情，我称之为“熄灭世界上最好的火焰”。传奇冠军的核心特征之一就是，他们根本无法容忍存在“有一天他们不会再成为冠军”的想法。一想到失去冠军头衔，他们就会感到害怕。

随着曾经烈焰般的成为“世界最佳”的热情衰退：“巨人衰落”的下一个故事便是失去了像重量级选手一样努力训练的承诺。表现者的快乐会被腐蚀，他们致力于提高知识和技能的精神也会退化。他们失去了创造力，他们想要超越周围所有人的热情和精力也蒸发了。例如，你可以在一些好莱坞巨星身上看到这种情况。多年来,他们把自己的才能发挥到极限，接受一个又一个高要求的电影角色，导致他们的天赋被耗尽。有时，他们也形成了一种奢侈的生活方式，随之而来的则是高额的支出，因为他们认为未来可以保证有无限的金钱供应。所有这些紧张都让他们疲惫不堪。因此，他们开始接受并不精通的工作，只是为了钱。也许还有一个恢复的机会,不过这也是结束的开始。他们很快就成了曾经辉煌自我的一幅讽刺画。

当然，所有这些都导致了他们逐渐变得无关紧要，还有退化。那是你必须竭尽所能去避免的。我也相信你会这样做的。

你和你的团队可以做一个关于巨人衰落的分析，这样你就可以提前找到所有的弱点，然后通过使用我和客户一起使用过的工作表来设定一些必要的保护措施。

90

艺术不受欢迎的必要性

1992 年 10 月 3 日，对音乐家希妮德·奥康娜（Sinéad O'Connor）来说是一个重要的日子。

在推出了《无人可以取代你》等一系列大热歌曲之后，她声名大噪，当时她正在《周六夜现场》上演出。

然而，她并没有唱原先计划好的歌曲，而是改变了主意，把演唱变成了反对虐待儿童的激烈政治声明。

在把鲍勃·马利的抗议歌曲《战争》中的原歌词换成了“虐待儿童”之后，奥康娜的脸上带着愤怒，声音里充满了叛逆，举起一张教皇约翰·保罗二世的照片，尖叫着：“与真正的敌人战斗”，然后把它撕成两半。这是一份严厉的指控，这位歌手声称，在她的祖国爱尔兰，神职人员对儿童犯下了严重伤害。

这种行为使她名誉扫地。她的事业也一落千丈。

多年后，她透露了自己当初的动机：“艺术家的工作有时候就是不受欢迎。艺术家的工作有时只是在需要对话的地方创造对话。”

杰作的本质是深刻、变革和特殊的，这意味着它会吸引那些理解它的人，而激怒那些不理解它的人。如果你的杰作没有让社会上的大多数公民感到不安、激怒、气愤和触发，那么也许它就不算是真正的杰作，而只是普通的作品。

作为你所在领域内的平凡英雄和艺术领袖，你的工作是对你的能力和勇气有足够的信心，去做那些你知道你必须做的事情，以尊重你最原本的自己。

奉献你精神的诗歌、音乐和壮丽，这是你的绝对真理，即使你在推动它时遭到憎恨。

所以，请把你的礼物带到我们的世界。我们真的从来没有像现在这样需要它们。现在就请这么做吧，即使你会惹人讨厌。

91

巨魔解构

本章的核心学习框架是我的指导方法中使用最广泛的模型之一，所以我想确保你能够拥有它。这将帮助你屏蔽那些试图阻止你向人类展示才华的敌意及喋喋不休的恶毒批评。你可以倾听那些谴责你的人并自此消沉，也可以满怀激情地向前推进。但你不能两样都做，对吧？

巨魔（捣乱者/网络水军）都是那些底层的人，他们贬低你真诚的工作，贬低你给这个世界所带来的、上面印着你的好名声的真诚魔法。

你可以通过查看导图得到，巨魔解构并打消他们对你的影响的第一个要素是：仇恨者都是伪装起来的“爱的老师”。

他们真的是如此。真的。

任何激起你的不安全感、煽动你怀疑自己能力的人其实都是在帮助你的人。他们卑鄙的行为暴露了你的弱点，以至于你能够注意到它，然后治愈它。太棒了。感谢他们。因为他们让你变得更健康、更纯洁、更美好。他们是在帮助你提升你内在的伟大。

巨魔解构的第二个要素是：攻击现象的背后往往是痛苦。批评家的活动大多都是由他们自己缺乏自爱和自我欣赏所引发的。反对者大多都是失望的灵魂，他们没有做出你所做的成就，所以抨击你才会让他们感觉更好。苦难总是寻求陪伴。人们对待别人就像对待自己一样，经历了很多伤害的人往往会伤害他人。

然后是第三个要素：光不仅能吸引天使，也能吸引飞蛾。在你的领域内闪耀出你最纯粹的天赋，然后你的光芒就会直接穿过我们的小星球，吸引那些向你的精湛技艺致敬的人走向你。但也请知晓，身处你充满创造力的荣耀之中，也会招来嫉妒的巨魔，就像飞蛾扑火。

巨魔解构

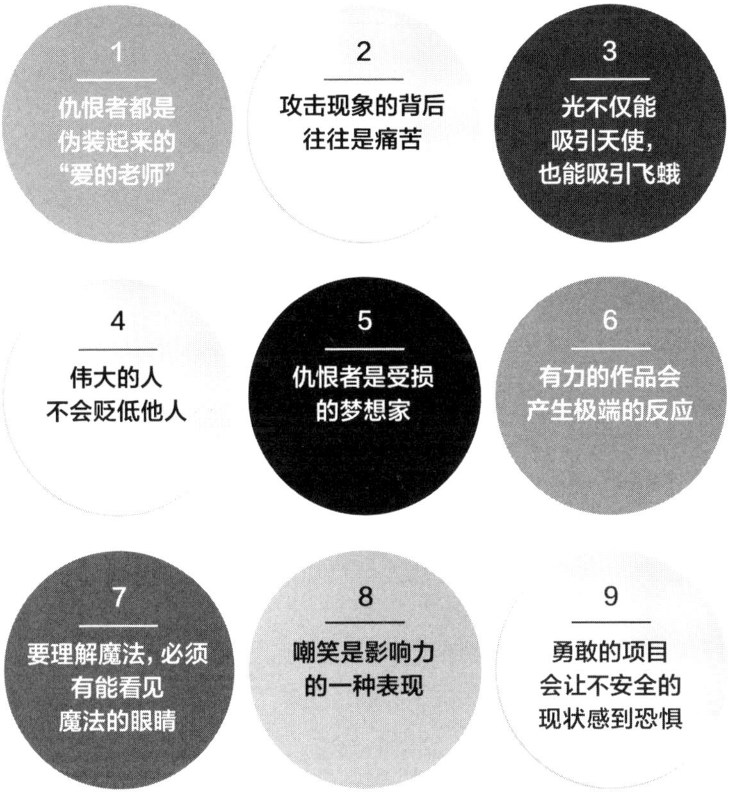

第四个要素是：伟大的人不会贬低他人。那些积极乐观、志向远大、热爱生活的人没有兴趣、精力和时间去攻击和谴责其他有远见的领导者。无所事事、宏图不展的生活，才真是魔鬼的制造厂。只有无聊和善妒的人才会在你兑现承诺的时候骚扰你，因为这会让他们面对自己被背叛的潜能时稍感安慰。

接下来，让我们来看一看防止巨魔暗箭中伤、阻碍你，巨魔解构的第五个要素：仇恨者是受损的梦想家。当下生活着的每一个人其实都有这样的天赋，但我们大多数人都否认了这笔财富，因为它太难以表达了，也太可怕了。但否认并不意味着它不在那里。孩提时代，我们设计了那些如此大胆的梦想。然而，由于我们所信任的人的一些负面影响，以及我们在生活中遭受的拒绝和失败，大多数人都已经在他们的力量、思想和心灵之间筑起了高墙，将它们相互封锁隔绝，以驱逐悲伤。坐在电竞椅上，对着游戏中的人物发泄怒气，肯定要比对着镜子、为自己负责、努力成长、不断崛起轻松得多。

“有人喜爱你，就一定有人讨厌你。”亿万富翁、“哈利·波特”系列小说的作者罗琳如是说。

巨魔解构的第六要素是：有力的作品会产生极端的反应。如果你的工作做得很好，创作出了一部打破传统、席卷整个领域的杰作，评论家就一定会对你恨之入骨。因为这不是他们认为的伟大艺术。他们没有勇气接受你的创新，他们会把你打倒。从而让他们自己感觉更安全。保护他们有限和静态的“看待和理解事物的方式”，同时保护他们在该领域中所谓的“专家”地位。

你要知道，你的作品越出色，你的艺术越具有革命性，人们的反应就会越极端。批评和攻击是懦夫的天堂。

巨魔解构的第七个要素是：要理解魔法，必须有能看见魔法的眼睛。想想业余艺术爱好者吧。他们不了解竞技场，他们没有看过大师的画作，也没有接受过绘画技巧和作品鉴赏的教育。他们只是看到一个蓝色的花瓶或者一个叫蒙娜的女人。所以他们通常会说：“就这？看起来很简单啊。”然后说：“我也能做到。”

嗯，果真如此吗？这让我想起了鲍勃·迪伦的那句话：“不要批评你不理解的东西。”说得不错，对吧？

通常需要几十年如一日的练习和持续的训练才能使事情看起来简单。因为真正的艺术更多的是取决于作者决定不往作品中添加什么，而不是他们添加了什么。

这才是真正的天才。只有当你真的了解你的技艺时，你才能够完全专注于最重要的东西，而忽略所有的琐事和肤浅。

这就是为什么“不要去听那些根本就没接触过你正在做的事情的人的

意见”会是一个很好的主意。

他们根本不知道你所付出的努力，也没有敏锐的头脑去理解你所做的一切。他们根本就什么也不知道。（尽管他们认为自己无所不知。）

第八个要素很直接：嘲笑是影响力的一种表现。你要知道，当你被嘲笑的时候，你是在向世界释放天才。要相信你不仅走在正确的道路上，而且当巨魔嘲笑、谴责、嘲讽你时，就更证明你创作的是真正的杰作。做得好，你赢了。

最后一个要素。大胆的项目不会被当下社会接纳，反而会使脆弱的当前现状更加不堪一击。是的，勇敢、美丽、巍峨的作品要经得起几个世纪的考验，需要你从主流社会认为的真相下抽丝剥茧。事实上，真正精湛的作品定是遥遥领先于它的时代，以至于它需要很长的时间才能流行起来。文森特·梵高一生只卖出过一幅画:《阿尔勒的红色葡萄园》。这幅杰作是他自杀前的 7 个月在比利时以 400 法郎卖出的。

不要让缺乏世俗层面的成功阻碍你。你的高贵和对惊奇的追求要求你继续坚持下去，不管有多少群魔在乱舞。

92

那一次我遇见了穆罕默德·阿里

我坐在家中的写作室里，望着窗外迷人的秋色。我购买了白色噪声机用以阻挡一切干扰。因此，当我写下这篇让我微笑的个人小故事时，是有潺潺小溪的声音陪伴着我的。

那年我 15 岁。约翰·列侬刚刚遇害。他旋律优美动人的歌曲《想象》一直在电台播放。那天是圣诞节，在洛杉矶。

我不是洛杉矶人。但那一年，我父母认为那里是个度假的好地方。

他们租了一辆克莱斯勒 K 型车。如今他们已经不再制造这种汽车了。我认为这是一件好事。我弟弟和我坐在里面时都感到很窘迫。但我当时只知道，它肯定不是克尔维特（当时我最喜欢的车；我卧室的墙上用胶带固定着一张 63 分割窗车型的海报）。

在那次旅行中，妈妈每天都会在我们住的汽车旅馆附近的杂货店买三明治和橘子。

我们会去探索这座城市。

开着我们的克莱斯勒 K 型车，我们走在日落大道上，我们去了好莱坞星光大道，我们开车穿过比弗利山。

事情就是在那里发生的。

是我率先发现的。一辆棕色的、闪闪发光的劳斯莱斯敞篷车，伴随着周围其他车辆的喇叭声，正在沿着大道行驶。当那辆车与我们擦肩而过时，我认出了司机，那正是穆罕默德·阿里。

我拍了我弟弟的胳膊。他当时 12 岁。

“这是阿里！”我大声喊道，“在那辆车里！”

妈妈有超感官的知觉。从我认识她开始，她就一直有。她能听到松鼠在邻国的森林里奔跑。可以看到蜘蛛在比邻的星系中结蜘蛛网。没有什么能瞒过她。如果你明白我的意思。

“穆罕默德·阿里？在哪里？”她马上问道。

“他刚刚开车经过，在那辆劳斯莱斯里。”我兴奋地说，指着那辆经过的汽车。

妈妈就像一位准备拯救一座燃烧中的城市的超级英雄一样快速行动。在繁忙的街道上，她让爸爸来个180度大转弯，开着我们的克莱斯勒K型车积极追逐前重量级世界拳击冠军。

一到阿里先生的同一侧公路，我们的小车就加速了，在那个阳光灿烂的日子里，追赶那辆正在缓慢行驶的劳斯莱斯。

我和弟弟溜下后座。妈妈催促爸爸快点。因为这位传奇人物就在眼前。

关于接下来发生的事，我不骗你。

我们的车和穆罕默德·阿里的车并排而行。他的一个孩子坐在副驾驶座上，一位看起来像他父亲的老先生坐在后排豪华的白色真皮座椅上。

妈妈摇下窗户，说道：“阿里，你好！你好！”

他的脸上掠过一丝怀疑。我和我弟弟则向“极度尴尬之神”祈求宽恕。

“我们能和你合张影吗？”伴随着一如既往的优雅，她继续说道。

劳斯莱斯汽车慢了下来。

穆罕默德·阿里指着路边，然后把他的车开到一个可以停车的地方。在一个宽敞的宅邸前，里面奇妙的花园中种满了精心培育的鲜花。

我们跟在他后面，在我们租来的米色汽车里。

接下来发生的事情在我们家族的历史中早已传为神话……

阿里先生非常优雅地与我、我妈妈和我弟弟合影留念。当我们互相打招呼时，他的大手紧紧地握着我的手，作为一个如此有名的人，他的礼貌和谦恭是无法形容的。

他不慌不忙，非常温柔，而且充满了善意。

随后，看到爸爸独自拍了所有的照片，他建议我给他和我爸爸一起拍一张。

结束后，他祝我们有个愉快的假期，然后开车离开了。开着他那闪闪发光的棕色劳斯莱斯，奔向比弗利山的金色阳光里。

我们在剩下的假期里一直在谈论那次相遇，吃了黄瓜三明治和更多橘子。谈论我们与英雄的会面，以及他向一个简单的、不认识的家庭所表达的祝福。

回家后，我父亲的一个病人把其中一张照片做成一块钟表，放在我们镶着木板的电视厅里。（是的，一块钟表。）

每年圣诞节前后，我们都会想起那次会面。想起我们最喜欢的拳击手阿里先生。我们会在晚餐时间祈祷，感谢那个提醒了我们什么是极度谦卑的人。

93

不要担心你的遗产

我很久以前写过一本书，书名为《人生谢幕，谁人泪别？》

这是一部关于如何过上一种在你死后多年仍能被人们津津乐道的生活的作品。它是一本指导手册，帮助你让你的名字变得重要，并在世界上留下印记。

我写那本书的时候 34 岁。现在，随着时间的流逝，我希望我当初应该选一个更好的书名。真的。

如今，关于遗产的讨论很流行。权威人士鼓吹，我们应该做一些事情、采取一些行动，让我们的家庭和社区把我们尊为英雄，甚至在我们死后，人们还会为我们树碑纪念。

我理解这种情感，我过去的生活方式可以确保在我死后很长的一段时间里，都会被许多人怀念。

但我现在不再这样了。

我已经不相信所谓的遗产观念了。作为一个中老年男性，这对我来说已经没有多大意义了。

我已经改换门庭，如果你明白我的意思的话。

谁在乎你死后别人怎么说你？你会成为蠕虫的食物，还是在地下 6 英尺（约 1.8 米）深的地方开出水仙花。或者是成为在某人肮脏的壁炉上的一个褪色锡瓮里的一小堆灰渣。旁边放着房主捧起奖杯时的纪念照。

据我所知，最重要的不是在你离世后他人会怎样记住你，而是在你还活着的时候，你决定怎样生活。

在美好的日子里你是快乐的吗，在失败时你是优雅的吗？

你是否能够体谅身边的人，原谅那些曾伤害你的人？

你是否以应有的尊重对待你的职业，并尽到了相应的至高无上的责任？

当社会迫使你变得和其他人一样时，你是否有坚持做自己的信念，以及让别人和你在一起时感到更有希望？

你是否用你生命中的岁月来培养谦卑，获得知识，学会比初来乍到时更轻柔地对待这个世界？

你是否学会了不要太把自己当回事，明白了我们担心的大多数麻烦其实从来都没有真的发生过，所以最好保持快乐、感激和放松？

如今，我认为追求一份值得关注的遗产是自负者的期盼。

当你温柔、勇敢的心还在跳动的时候，做一个有礼貌、有主见、坚定而高尚的人，这才是真正的英雄主义。

94

一位名叫德斯蒙德·图图的英雄

德斯蒙德·图图是历史上最伟大的领袖、人道主义者和变革者之一。

作为一位诺贝尔和平奖得主，他与纳尔逊·曼德拉合作密切，共同建立了一个自由的南非，并弥合了种族隔离不公所造成的创伤。

这些年来，我从德斯蒙德·图图身上学到了很多。

在受到不公正待遇的情况下，能够以不屈不挠的勇气为自己挺身而出，但仍要有一颗宽容的心，寻求一切美好之处，这一点很重要。

地球上的每一个人都有着深刻的价值，都具备其独特的重要性，而无论其肤色、性别、国籍或生活地位如何。德斯蒙德·图图教会我，每个人都很重要，他们都必须受到尊重、理解和爱。

我们每个人都有必要挣脱受害者身份的桎梏，在艰难时期尽我们所能发挥人类的力量，把不确定性转化为创造力，把伤痕转化为勇气，把各种形式的悲剧转化为胜利。我们必须重建与最伟大的自我的关系。

当我在约翰内斯堡的一个安静的房间里见到德斯蒙德·图图时，我完全被他的风度震撼、感动（感动得流泪），以及被这位伟大领袖对待我的温柔迷倒。

他曾说："我天生就是领导者。因为大自然不允许存在真空。"

一语道破天机。出自一个真正的英雄之口。

当你朝着你的主要事业和最崇高的抱负前进时，请把这些话铭刻在心。要知道，你可以在没有头衔的情况下展示领导力，在没有职位的情况下展现鼓舞人心的能力，在没有任何正式权威的情况下向许多人展示美德、礼貌和乐于助人。你有权收回你浪费在不尽人意的环境下的天赋，你可以从小事做起，然后日复一日地致力于发挥你的领导才能，从而真正地做出贡献。要想变得特别和伟大，你就必须经常练习去变得特别和伟大，这样所有不特别和不伟大的特质就都会从你身上消失，就像春天的阳光会洗去冬天寒冷和残酷的所有痕迹一样。

我与德斯蒙德·图图在南非

当一个人只需记住如何成为一个完整的人时，真正的力量就会显现出来。因为大自然不允许有真空。

95

临终者的人生遗憾

那些帮助垂死的病人减少痛苦从而可以更好地离去的护理人员，谈到了一些他们在陪伴病人最后的日子里所最常听到的遗憾。

我认为这是非常值得关注的,这样我们就可以提前吸取教训,规避它们。

临终遗憾 1　他们希望自己有更开阔的视野

人们真的花了太多的时间去担心那些永远都不会发生的事情。

甚至当困难出现时，我们也忘记了一点：困难总是会结束的，快乐的日子终究会回来。

如果你想变得更聪明、更有韧性，就要知道无论发生什么，都应保持乐观的态度，因为生命的旅程真的很短暂。

优雅、成熟和毅力要求我们心怀感恩地度过生命中的每一天，永远不要把精力更多地放在忧虑而非祝福上。

我在《人生谢幕，谁人泪别？》一书中分享过一个古老的故事。我希望它能提醒你，记住你被赋予的天赋，以及保持乐观的价值。

一个身患重病的人坐着轮椅被推进病房，病房里还有另一个病人躺在靠窗的那张床上休息。后来两人成了朋友，靠窗的那个病人会往窗外看，然后绘声绘色地描述外面的世界，逗那个卧床不起的病友开心，一讲就是几个小时。他时而描述医院对面公园里的树木如何郁郁葱葱，树叶如何迎风起舞；时而惟妙惟肖地模仿过路人的一举一动，逗病友开心。

然而，随着时间的推移，这个卧床不起的人越来越沮丧，因为他无法目睹朋友口中那些妙趣横生的景象。最后，他甚至渐渐讨厌起这个朋友，心生怨怼。

某个深夜，靠窗的这个病人发出一阵剧烈的咳嗽，另一床的病人却没有按下求救按钮，而是袖手旁观，最终靠窗的病人停止了呼吸。

翌日清晨，那个绘声绘色描绘窗外世界、曾经为朋友带来如此多快乐的病人被宣布死亡并推出病房。另一床的病人随即要求将自己的床移到窗户旁，主管护士答应了他的请求。可当他向窗外望去时，却被眼前的景象惊呆了：窗户前面竟是一堵光秃秃的砖墙。在那样艰难的时候，已经离开的那位病友凭借想象，杜撰了种种令人不可思议的景象，这种充满爱意的举动为的就是让自己的朋友在艰难的时候好过一些。这样的举动源于无私的爱。每每品味这个故事，总能让我换一个视角看待问题。

他的行为是出于爱。这是我们共通人性中最美好的一面。

临终遗憾 2　他们希望自己没有那么介意别人的想法

奥斯卡·王尔德曾说过："做你自己，别人都已经有人做了。"

哦，有多少次，我们太在意自己的表现，浪费了多少心跳啊！我们没有抓住那些会激发我们天赋的机会，因为我们不希望被拒绝，不喜欢感到尴尬，而希望看起来很酷。我们已经形成一种成为关注寻求者而非魔法工作者的文化，完全没必要地将我们最美好的时光奉献给了去追求认可。我温柔地劝你记住，一百年后，今天活着的每个人都会离开。为什么不去兑现你的承诺，为什么不去追求你的梦想，而去取悦那些迟早要离开这个世界的人呢？

你的生活是起是落取决于你是否愿意不怕出丑，还有尊重真实的自己的兴趣。拥抱对你最重要的梦想吧，即使（尤其是）没有人懂你。

临终遗憾 3　他们希望自己没有浪费那么多时间

我们都很希望能够拥有更多的时间，但同时又在浪费自己所拥有的时间，不是吗？塞涅卡写道："为了保护自己的财富，公民们通常都很吝啬。

然而，说到浪费时间，这本是一件应该节俭的事情，他们却表现得极为奢侈。”

负责任地利用你宝贵的时间。保护自己，不要从事任何配不上你高贵的天赋和才能的职业。不要追逐那些使大多数人沉迷的蝇头小利。你的领导力、掌控力、快乐和宁静在那里是找不到的。永远如此。

在我们如今所处的时代，我们时常会把生活安排得太满，以至于我们觉得自己好像效率很高，但事实上，这根本没有任何价值。我们已经成为零碎小事的大师和琐碎追求的专家。在我们有限的日子里，屈从于那些被视为“衡量成功的重要标准”的干扰和娱乐，这毫无意义，而且是对你尊严和价值的严重歪曲。

最终你会死的。是的，我很抱歉这么说，但你总有一天会离开这个世界，我亦如此。总有一天，我们都会离去。

“时间怎么过得这么快？”苏斯博士如是问。

临终遗憾 4　他们希望自己能更多地享受生命的旅途

享受快乐是非常有用的。积极的情绪是通往产出杰作和最大影响力的大门。我知道，我们的社会会告诉你另一套说法。告诉你这段旅程一定很艰苦，生活需要极度严肃而又极其实际。但是，认为一直工作是一种比与家人、朋友共进晚餐，去有趣的地方旅行和做那些让你快乐的事情更有价值的活动，这只是一种价值判断，而非事实陈述。

只有当我们忙碌的时候，我们才能活得充实和完整，这是一个说法。并不是你听到的每个说法都是真的。花时间去欣赏那些令人敬畏和美丽的事物，在你内心充满活力的时候享受大量的乐趣，这是最好的智慧。

所以，当然要努力工作。但同时也要积极享受你的劳动成果。这样，当你接近最后的终点线时，你才会因为你爱上了生活慷慨给予你的一切，而心满意足地长眠。

临终遗憾 5　他们希望自己曾更善良、更有爱心

那些临终者最后的遗憾是，他们对于自己曾对他人所做出的有害行为感到懊悔（有趣的是，人们伤害自己最爱的人是极为常见的，不是吗？）在日常生活中不去实践善良的美德，不仅会让我们的世界变得更黑暗、更悲惨，还会腐蚀你的良心，破坏你的幸福和安宁。

作为人类，我们都有一种天生的倾向，以敬畏、同情和爱（是的，爱）来对待我们这个星球上的兄弟姐妹。当我们不明智地追求更多的名誉、财富和掌声时（或者仅仅因为我们没有认真对待自己的个人成长和个人治愈，所以我们表现出了最坏的自己而非最好的自己），我们会充满无限的遗憾。因为我们在以我们并非真心的方式行事，背叛了我们的英雄本色。

不要犹豫成为你见过的最有爱的人。这是巨人的习惯，是历史上最真实的名人的习惯。如果你很好，人们却利用你，这并不是因为你这样做是不好的，而是因为你允许别人利用你。

最会爱的人会最终胜出。或者，正如吉他大师吉米·亨德里克斯（Jimi Hendrix）所说："当爱的力量胜过对权力的贪婪，世界就将迎来和平。"

96

你的善举将伴随你终生

人们普遍认为自己所做的善事没有持久的价值，不重要，也不会有人记得。

当我还是个孩子的时候，妈妈曾经为我做过一些很棒的事情。每个月，都会有那么一两次，她会自制炸薯条，用箔纸包裹好，放在一个小盒子里，盒子上贴有一张手写的纸条，上面写着她有多爱我。她会把这个盒子送到学校，然后放在前台转交给我。她做的这一精致善举，让我可以享受到她做的美食。吃顿热饭，并感受到她的关怀。

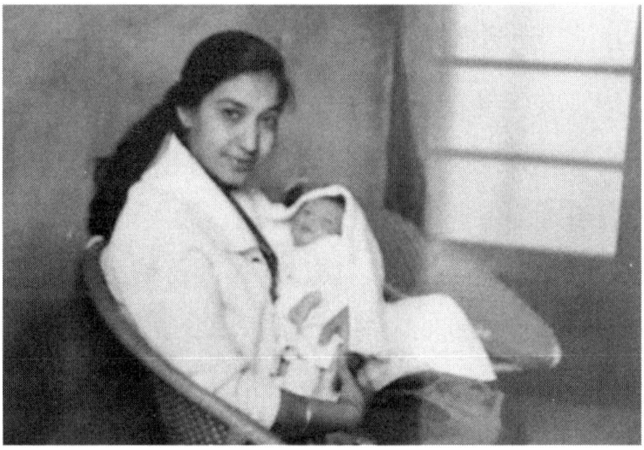

我妈妈和我，在我刚出生的第一天

如今，几十年过去了，在我拥有了那么多丰富多彩的人生经历之后，猜猜，我最难忘的记忆是什么？没错。就是妈妈把金黄酥脆的薯条送到我的学校，就是这个简单而又充满爱的举动。（还有我的朋友们的神情，他们会开始和我商量，希望用他们的一个金枪鱼三明治、桃子罐头或是胡萝卜片来换取我的那份无价薯条。）

保罗·加索尔在篮球界是一名传奇人物，当他还是洛杉矶湖人队的中锋时，他参加了我的一次现场活动。

我们在周末认识了彼此，经过在我家中与我的家人共进了一顿难忘的晚餐之后，我们对彼此的了解更深了。

和洛杉矶湖人队的保罗·加索尔在家中

会议结束后，我主动提出开车送保罗去机场。一到那里，我就看到，他的一个又一个粉丝离开原本排队等候的队伍，来向他索要签名或合影。

虽然他要登机，但保罗每次都会停下来，温柔地微笑，仔细地签上签名，还会加上几句鼓舞人心的话，然后摆好姿势拍照。（我想起我曾在当地的一家寿司店遇到一位吉他大师，当他从我的身边走过时，对我的合影请求，他只简单地回答了一句“我不喜欢拍照”。）

“保罗，我注意到，每个人向你要签名或要求拍照的时候你都停下来。你为每一位粉丝都腾出了时间。你对每个人都很亲切，从来没有表现出任何疲倦或恼怒。”我边送他到门口边说。

我永远不会忘记他的回答。这个回答是如此睿智，也教会了我很多：“罗宾，为别人带来快乐只需要很少的时间。”

然后他伸手拥抱并感谢了我，随后继续上路。

97

见到鲜活的人就高兴吧

我在南非参加一系列关于领导力的演讲时，注意到开车送我去参加会议的那位先生，他每次看到其他人都会非常喜悦。

每次看到某人，他的眼睛就会闪闪发光。他的笑容就会更加灿烂。这真是令人震惊。

“你似乎真的很喜欢人。”我说。

“我见过很多死人，”他轻声回答，“所以当我看到一个活生生的人时，我就非常高兴。”

我沉默了。大吃一惊。

试想一下，如果我们都采纳他的哲学，我们的世界会是什么样子。请放下我们的电子设备，少些自私和忙碌，多增加我们得体的行为。更多地关注我们的集体人性。关注我们面前的每一个人，无论是朋友还是陌生人。

想象一下，每当我们发现其他人（或是什么其他动物，就此而言本质相同）时，我们就会变得更有活力，这会是什么样子。

98

战无不胜的平凡英雄的金句

当避无可避、必须去做某事的时候，你能够抑制自己的悲伤吗？

你能说出你的智慧指导你该说的话吗，即使这会让那些听你说话的人感到失望？即使这会激怒那些对此持不同意见的人？

你能走很少有人愿意走的艰难道路，同时还能感到快乐、宁静和自由吗？你能摆脱融入社会之中的渴望吗？你能放弃去取悦大多数人吗？

你能冒着被憎恨的风险去做正确的事情吗？

你能活在这个世界上，但不属于这个世界吗？你能享受孤独、沉默和寂静的甜蜜快乐，在独处中免于寂寞吗？你愿意拥抱微小的优雅之美，享受平凡的风度吗？

你能达到你更高的愿景，想象很少有人敢想象的东西，并朝着你最诚实的方向坚定地前进吗？如果你失败了，你能仍然保持平静，积极地接受命运为你谱写的一切吗？

你能像傻瓜一样去爱吗？你能像小丑一样笑吗？你能冒着被贴上“疯子”标签的风险去梦想吗？

你能把肤浅的东西推掉，创作出不朽的作品吗？你能以你纯朴和原创的方式，留下你的痕迹，让自己不朽吗？

这些是我想知道的。你能做到吗？为了你自己。

99

机会之窗和你的第二次机会

在《伟大指南》中，我写过我与好莱坞巨星哈维·凯特尔“险些相遇”的经历。

他在许多电影中表现出色，是影视行业的巨匠，几十年来一直保持着实力。这让他成了该领域内的一线明星和名人堂成员。

我当时碰巧在家乡的一家酒店大厅里，注意到他独自坐在休息区。只是坐在那里。我猜，大概是在等待什么人。

“哇！那是哈维·凯特尔！”看到他在那里，我感到十分惊讶。

我的第一反应是走过去，伸出手来握握手，并和他聊聊天。

但是随后，在我大胆、坚定地走过去之前，我被我更原始的倾向征服。恐惧的尖啸声被夸张地放大。我的希望感变成了不安全感。害怕被拒绝的恐惧让我的乐观情绪暂时被抑制住了。

我内心的呓语大致是这样的：

“他可能在等某位大牌制片人，我最好别打扰他。”

“如果他对我不友好、态度刻薄怎么办？”

“大厅里有很多人，我去见这位名人，会看起来像个傻瓜。”

哦，一个友好的宇宙为我开放的机会之窗，却被我自己的懦弱、胆怯和怕丢面子关闭。

在我们弥留之际，只有那些我们没有做过的事情，才会让我们感到遗憾，这些事情包括：我们没有去见想见的人，我们没有发挥出自己最大的潜力，我们没有竭力完成某个项目，我们没有追逐自己渴望的魅力，我们没有传达想传达的爱……

我们从来没有做过那些勇敢的事。

你想知道我做了什么吗？如果你读过我20年前写的那本书，你就会记得……

我什么也没做。零。什么都没做。

我与这位电影巨星见面的热情被打断了，最终还是决定回办公室去，去翻翻报纸，开一两次会，查看邮箱。于是我离开了。

在接下来的几个月里，我多次反思这段经历。我对自己的害羞和软弱感到羞愧。我向自己保证，我会练习变得更坚毅、更勇敢。

就像我在书中所写的，关于那次错过的会面：

> 我向你保证，如果我再见到哈维·凯特尔，我会冲向他。在我们开始聊天之前，他可能会认为我是个跟踪名人的狗仔。但随后他就会发现真相：我只是一个积极抓住生活馈赠的人。

当我们在书中共处的时间接近尾声时，我真的希望你能够知道，每个人生命中最美好的一件事是：你真的是有第二次机会的。不幸的是，你不会得到很多次这种机会。但你一定会得到的。

所以……

几年后，我恰巧在罗马写一本新书。清晨，我骑着山地车在景色优美的博尔盖塞别墅公园骑行，这座美丽的公园就坐落在西班牙阶梯的不远处。随后，我回到自己的房间，在接下来的五个小时里把自己单独关起来，写作，修改，几乎一直坐着不动。

在紧张的工作结束后，我决定像往常一样散步到纳沃纳广场，这是全世界范围内我最喜欢的广场。这也是我在罗马这座“永恒之城”通常的习惯——在我完成阶段性的写作之后，我会走到古老的鹅卵石街道上，通过一次美妙的散步，来呼吸新鲜空气，补充我的精力，享受罗马的阳光，也让我的头脑和心灵都保持清醒。

当我走近万神殿，走过罗马帝国曾用作司法宫殿的这座著名建筑前密集的人群时，我看到一个戴着墨镜的孤独男子站在一旁。他穿着随意，看起来很低调。他正在研究这座建筑，欣赏它的辉煌。

正是哈维·凯特尔。

这次我表现得很不一样。我的行动精确而迅速，以免自我限制使我放慢脚步。我径直走向他，伸出手说："凯特尔先生，我是你的超级粉丝。很高兴见到你！"

他笑了，这让我感受到他的气质，一种再友善不过的气质。"谢谢你！"他回答。

我鼓起勇气，继续说下去。

"我喜欢你演的《落水狗》。喜欢塔伦蒂诺的独创性！喜欢里边精彩的对话。多么精彩的剧本！多棒的电影啊！我喜欢你们为强盗取的名字。你是'粉先生'！太棒了。"我滔滔不绝地说。

他一直盯着我，喃喃自语道："白先生。"

当我小心翼翼地住嘴之后，我问这位传奇人物，我能否和他合影。

"当然可以。"

就是这样：

和电影大师哈维·凯特尔在罗马万神殿

"好吧，我该走了。"他礼貌地说了一声。

然后他就走了，走进人群。就在这座高耸建筑的宝石圆柱旁，在一个完美午后的烈日下。

我希望你怎样做呢？很简单。

当机会之窗出现时，在你天才的对手和你伟大的敌人开始告诉你为什么你不能之前，更进一步推开窗，尽快跳进去。

理智摧毁了许多可能改变人生的机遇。要相信自己的内心。它真的比你的头脑聪明多了。

但是，如果你回归本心也没能做到，那么，请深呼吸，继续前进，更明白一点，更坚定一些，拭目以待下次你将如何展现出勇气。下一次很快就会到来。

因为，我们都有第二次机会。就像我和哈维·凯特尔。

100

不要做一个梦想拖延者

有一次，我遇到交通堵塞，一位老人坐在敞篷车里，就在我的正前方。

车上放着音乐，他在上面咧着嘴乐，看起来非常热爱生活。

他的车牌上写着：“游乐年华”。

嗯。

太多的人等到年纪大了才去做他们一直想做的事情。

当他们几乎无力行走的时候，他们去乘坐游轮。

他们开始冒险，但很快就会筋疲力尽。

他们买了许多一直想要购买的东西，却难以再享受了。

我绝不是不尊重老年人，我非常尊敬所有的长者。

我也完全认同这一点：任何时候重新开始都不晚。你生来就是要成为坚毅、强大、鼓舞人心的日常英雄。

我只是想说：“不要推迟去实现你心中最珍贵的梦想。”要知道，应该去做那些你明明知道你需要去做的事情，来获得你所追求的生活。而不是什么都不做，使你的心愿蒙尘。不要在人生的最后一英里心碎而终。

谁知道明天会发生什么？拜托，不要以为在将来，你现在因为忙碌而推迟的所有事情就都能轻松、愉快、出色地完成。

疾病、事故、战争、衰退、瘟疫、环境破坏和袭击，这些都时有发生。而且，可能比我们认为的更加频繁。

你真的想把你最想做的事情推迟到可能为时已晚的时候再来做吗？

生活就是要活在当下。未来只是幻想的点缀，不是吗？我们不要太依赖于未来。

101

回归人的哲学

好的。在这最后一章。我祈祷你们会……

带着一颗充满英雄主义的心和一双准备迎接荣耀的眼睛，走进这个美丽又时而残酷的世界。

是的，在有的季节里会不走运，有些时候会很艰难。

然而，日常生活中也有很多美好的东西。理解你的邻居、让你充满活力的朋友和爱你的家人。

当遇到那些对你的期待远低于你对自身期望的人时，要知道他们不知道他们自己在做什么。用美好的祝福表达出你的宽仁的耐心，用善意的理解展现出你真诚的宽恕。保持对他人的愉快感觉是一种光荣而有力的伟大行为。

充实而又有尊严地工作，付出多于索取，创造出向造物主致敬的魔力，并且尊重你的例外论。

保持你简单的生活，因为沉迷于获取及贪婪的强烈渴望都会扼杀你的精神，伤害你善良的心。

给予要多于索取。多帮点忙。体面地对待你遇到的每一个人。这是一条通往长久精神自由和保持外在成功的道路。

与智者为伍，与鼓舞人心的书籍为伴，与至高无上的自我保持健康良好的关系。

当人群试图同化你时，记得要坚持自己的道路——以你觉得最真实的美德和价值观为导向。

保持勇敢，要知道温顺和胆怯的人不知道直面恐惧会为你带来怎样的飙升。推迟实现理想的时间，只会招致怨恨。

记住，恐惧比自满更接近胜利。当你走入恐惧的时候，恐惧就变成了信念。

享受你劳动的回报和杰作的红利。

要有同情心地去爱，尊重你周围的一切，尊重滋养你的星球。

做所有的这些，来与你内在的高尚相结合，全面展现你的日常英雄本色。

《人生谢幕，谁人泪别？》

找到自己的使命，专注当下
活的充实，死亦喜乐
以非凡的人生智慧
马上付诸行动

《卖掉法拉利的高僧》

重新审视自我
为人生中的重要问题找到答案
人生中充满更多的勇气、平衡、热情和欢乐！

《自律即命运》

美国亚马逊排名头部的
重磅畅销作品
自律是关键美德
成就非凡人生

《勇气在召唤》

一个“斯多葛”就是将
恐惧变成智识
痛苦变成转变
错误变成激发
欲望变成事业的人

《障碍是道路》

前途多障碍，即使生命千疮百孔，
也要用优雅与韧性直面“命运之爱”
畅销 200 万册！
《华尔街日报》畅销书第 1 名！